福州市规划设计研究院集团有限公司

学术系列丛书

古厝重生

——福州古厝保护与活化

严龙华　陈沐歌　赵楚
罗景烈　魏樊　陈川　著

中国建筑工业出版社

图书在版编目（CIP）数据

古厝重生：福州古厝保护与活化/严龙华等著.
北京：中国建筑工业出版社，2024.6.--（福州市规
划设计研究院集团有限公司学术系列丛书）. -- ISBN
978-7-112-30011-2

Ⅰ.K928.71

中国国家版本馆CIP数据核字第2024T11Y21号

责任编辑：胡永旭　唐　旭　吴　绫
文字编辑：陈　畅　李东禧
书籍设计：锋尚设计
责任校对：赵　力

福州市规划设计研究院集团有限公司学术系列丛书

古厝重生——福州古厝保护与活化

严龙华　陈沐歌　赵　楚
罗景烈　魏　樊　陈　川　著

*

中国建筑工业出版社出版、发行（北京海淀三里河路9号）
各地新华书店、建筑书店经销
北京锋尚制版有限公司制版
天津裕同印刷有限公司印刷

*

开本：889毫米×1194毫米　1/20　印张：17⅘　字数：458千字
2024年7月第一版　　2024年7月第一次印刷
定价：**248.00**元

ISBN 978-7-112-30011-2
（42864）

《福州市规划设计研究院集团有限公司学术系列丛书》
编委会

福之青山，园入城；

福之碧水，流万家；

福之坊厝，承古韵；

福之路桥，通江海；

福之慢道，亲老幼；

福之新城，谋发展。

从快速城市化的规模扩张转变到以人民为中心、贴近生活的高质量建设、高品质生活、高颜值景观、高效率运转的新时代城市建设，是福州市十多年来持续不懈的工作。一手抓新城建设疏解老城，拓展城市与产业发展新空间；一手抓老城存量提升和城市更新高质量发展，福州正走出福城新路。

作为福州市委、市政府的城建决策智囊团和技术支撑，福州市规划设计研究院集团有限公司以福州城建为己任，贴身服务，多专业协同共进，以勘测为基础，以规划为引领，建筑、市政、园林、环境工程、文物保护多专业协同并举，全面参与完成了福州新区滨海新城规划建设、城区环境综合整治、生态公园、福道系统、水环境综合治理、完整社区和背街小巷景观提升、治堵工程等一系列重大攻坚项目的规划设计工作，胜利完成了海绵城市、城市双修、黑臭水体治理、城市体检、历史建筑保护、闽江流域生态保护修复、滨海生态体系建设等一系列国家级试点工作，得到有关部委和专家的肯定。

"七溜八溜不离福州"，在福州可溜园，可溜河湖，可溜坊巷，可溜古厝，可溜步道，可溜海滨，这才可不离福州，才是以民为心；加之中国宜居城市、中国森林城市、中国历史文化名城、中国十大美好城市、中国活力之城、国家级福州新区等一系列城市荣誉和称谓，再次彰显出有福之州、幸福之城的特质，这或许就是福州打造现代化国际城市的根本。

福州市规划设计研究院集团有限公司甄选总结了近年来在福州城市高质量发展方面的若干重大规划设计实践及研究成果，而得有成若干拙著：

凝聚而成福州名城古厝保护实践的《古厝重生》、福州古建筑修缮技法的《古厝修缮》和闽都古建遗徽的《如翚斯飞》来展示福之坊厝；

　　凝聚而成福州传统园林造园艺术及保护的《闽都园林》和晋安公园规划设计实践的《城园同构　蓝绿交织》来展示福之园林；

　　凝聚而成福州市水系综合治理探索实践的《海纳百川　水润闽都》来展示福之碧水；

　　凝聚而成福州城市立交发展与实践的《榕城立交》来展示福之路桥；

　　凝聚而成福州山水历史文化名城慢行生活的《山水慢行　有福之道》来展示福之慢道；

　　凝聚而成福州滨海新城全生命周期规划设计实践的《向海而生　幸福之城》来展示福之新城。

　　幸以此系列丛书致敬福州城市发展的新时代！本丛书得以出版，衷心感谢福州市委、市政府、福州新区管委会和相关部门的大力支持，感谢业主单位、合作单位的共同努力，感谢广大专家、市民、各界朋友的关心信任，更感谢全体员工的辛勤付出。希望本系列丛书能起到抛砖引玉的作用，得到城市规划、建设、研究和管理者的关注与反馈，也希望我们的工作能使这座城市更美丽，生活更美好！

福州市规划设计研究院集团有限公司

党委书记、董事长

高学珑

2023年3月

关于古厝

"古厝"在福州方言中指称"老屋",是先辈留下的财产,是后人对家的记忆,是一种"乡愁"。曾意丹先生在其《福州古厝》前言中对"古厝"内涵进行了明确,狭义上指古老的房屋,广义上则泛指古建筑,按功能可分为城防建筑(城池、堡寨、炮台)、交通水利设施(桥梁、驿站、古渡、街亭等)、宗教建筑(寺院、宫观、塔庙)、文教建筑(文庙、文昌阁、书院等)、古民居及各级尺度的古民居聚落。[①]福州"古厝"亦即对福州文物古迹的统称,包括了古文化遗址、石窟、石刻、古建筑、近现代史迹及代表性建筑和历史文化名城、名镇、名村等文化景观以及各类文化线路等遗产,涵指"人类在历史上创造或遗留的具有价值的不可移动的实物遗存"[②],包括其所承载的非物质文化遗产。

福州历史悠久,有人类活动可追溯至新石器时期的壳丘头文化、昙石山文化;其建城史亦可追溯至2200多年前先秦时期的新店闽越故城及西汉的屏山冶城,有着积淀深厚的历史与文化。

中国传统城市(无论都城还是各地方城市),包括建筑,皆一脉相承,讲求"中轴+院落"布局,并融合自然山水要素,创造了理性美与自然美相结合的独特形态,福州古城、古建筑亦然。同时,福州在其2200多年的发展及与中原文化的融合中,仍保留有闽越文化基因及其独特的山水特质,故而形成了独树一帜的文化个性。早期的干栏式建筑(考古发掘印证)、唐末五代的华林寺(为江南地区存续最古老的木构建筑)、明清古建筑群(三坊七巷、朱紫坊街区等)、清末民国时期中西合璧的上下杭街区商住混合建筑、老仓山历史建筑群、鼓岭国际避暑社区等,既具独特的地域性,又具有特色鲜明的时代性。从留存的古建筑来看,自宋初(公元964年)至近现代,各时期均有地面遗存物,历史脉络连续而清晰,可称为一部活的建筑发展史书。从

---

① 曾意丹. 福州古厝 [M]. 福州:福建人民出版社,2002:1.
② 国际古迹遗址理事会中国国家委员会. 中国文物古迹保护准则(2015年修订)[M]. 北京:文物出版社,2015:5.

城市建设史来看，由战国晚期的城北新店闽越故城、西汉屏山闽越国宫殿遗址区至西晋于冶山南建子城，逐步奠定了城市格局；唐末五代罗城与夹城、宋外城至明清两代府城，皆沿一条由北而南的中轴线（亦是城市历史的发展轴）逐渐发展壮大，既保持了因港而兴的城市发展动力，又伴随着城市发展而形成独具个性的结构形态（一城多组团的城市结构）。明清府城内则形成了以屏山为负扆、于山与乌山为门阙、中轴贯穿其间的人工与自然高度融合的"三山两塔一楼一轴"的独特格局。沿着城市历史发展轴，由北向南迄今仍存续有一定规模的历史地段共26处：历史文化街区有三坊七巷、朱紫坊、上下杭3处；历史文化风貌区有屏山、冶山、西湖、于山、乌山、烟台山、南公园河口7处；历史建筑群有苍霞、马厂街、公园路等5处，以及与城市历史发展脉络相关联的历史地段有昙石山文化遗址、新店闽越故城遗址、船政文化园与闽安古镇、鼓岭历史建筑群、螺州历史文化名镇、阳岐与林浦历史文化名村等。

然而在城市发展的进程中，福州古厝与现代生活之间也存在着碰撞和适应的过程，如何保护古城整体格局、激活城市遗产，是城市管理与建设者及设计专家们共同的工作目标。正如习近平总书记在《福州古厝》序中提出："保护好古建筑有利于保存名城传统风貌和个性。现在许多城市在开发建设中，毁掉许多古建筑，搬来许多洋建筑，城市逐渐失去个性。在城市建设开发时，应注意吸收传统建筑的语言，这有利于保持城市的个性。"[①]福州城市，近三十年来从"点——线——面"三个维度开展了城市历史保护工作，从单体文物建筑与古街区的保护，到织线串网的老街巷、中轴线的整饬，并与当代城市发展相融合，再到名城整体格局的保护，福州城市个性与特色逐渐得到彰显，并由此探索出历史文化名城整体保护与可持续发展之福州经验。

---

① 习近平.《福州古厝》序 [N]. 福建日报，2002-05-24（010）.

目录

总　序
前　言

第一章
福州城市历史与保护历程　001

第一节　古城历史格局　002

第二节　福州古厝的主要类型及组织形态　013
　　一、柴栏厝　013
　　二、传统院落式大厝　015
　　三、民国风格建筑　017

第三节　福州古厝的保护历程　022

第二章
三坊七巷历史文化街区保护与再生　027

第一节　街区概况　028
　　一、历史溯源　029
　　二、保护历程　031

第二节　街区主要价值特征　032
　　一、福州名城的核心组成部分　032
　　二、完整而组织严谨的街区格局　033
　　三、独特的街巷空间　034
　　四、集中连片、极具独特秩序的古建筑群　034
　　五、高度摹写自然的私家古典园林　037

第三节　保护与再生策略方法　038

一、树立动态的再生理念，保持街区的可持续活力　038

二、强调以居住为主体的街区功能，延续里坊制文化特征　038

三、遵循真实性与完整性原则，凸显街区核心价值　039

四、以类型学为方法，探索街区保护再生新路径　040

五、淡化肌理与留白，塑造街区活力场所空间　042

六、保护非物质文化遗产，赓续街区独特的传统文化　042

七、引入多渠道的公众参与，建构"多方合力"的
　　街区再生模式　043

第三章

朱紫坊历史街区保护与再生　099

第一节　朱紫坊简况　100

一、区位及概况　100

二、历史溯源　100

三、建筑特征　101

第二节　朱紫坊的主要特征价值　106

一、福州历史文化名城的核心组成部分　106

二、河坊一体的园林式街区　106

三、宅园一体的居住模式　107

四、士人街区，古代文化教育机构的集中地　109

第三节　朱紫坊古厝保护与活化　110

一、从街区尺度到建筑细节尺度的整体保护　110

二、街区文脉传承与活化利用　110

三、街区人居环境改善　112

第四章

上下杭历史街区保护与再生 137

第一节 街区历史沿革 138

第二节 街区价值特征 139
    一、街区肌理与山水形胜的紧密关联 139
    二、街巷格局近现代化的特征 140
    三、城市建筑近现代的表征地 141
    四、闽商文化的荟萃地 143

第三节 街区建筑类型特征 143
    一、会馆建筑 143
    二、商业建筑 146
    三、宗教建筑 150
    四、居住建筑 150

第四节 街区保护活化策略 154
    一、街区保护活化所面临的主要问题 154
    二、街区保护活化策略与具体设计 155

第五章

老仓山保护与重生 193

第一节 老仓山历史城区的发展历程 194
    一、古代南台岛北岸的建设发展 194
    二、老仓山商埠区的形成 195
    三、民国时期，老仓山城市建设的全面发展 195

第二节　老仓山历史城区主要价值特征　　　196

一、西方多元建筑风格共置　　　196

二、地方传统建筑与西式建筑的共处　　　199

三、独创性的民国红砖厝建筑　　　199

第三节　老仓山历史城区保护与整治　　　201

一、具体设计策略　　　202

二、老仓山古厝保护与利用　　　203

三、老仓山历史城区保护与整治　　　206

四、有机整合，重塑片区活力　　　213

第六章
马尾船政文化园　　　229

第一节　马尾船政概况　　　230

一、建筑风貌特征　　　230

二、船政文化城项目历程　　　236

第二节　船政文化主题公园　　　237

一、罗星塔公园保护整治设计　　　237

二、马限山公园与船政文化广场　　　238

三、船政官街保护整治　　　240

第七章
鼓岭古厝重生　　　261

第一节　鼓岭发展历程　　　262

一、鼓岭概况　　　262

二、历史沿革　　　262

第二节　鼓岭古厝的特征　264

一、外国人度假建筑　264

二、当地传统建筑　268

第三节　鼓岭古厝保护　269

一、鼓岭古厝的保护框架　269

二、鼓岭古厝的保护内容　270

第四节　鼓岭古厝活化利用　271

一、历史建筑的活化　271

二、重建历史重要性建筑　273

三、整体提升人居环境，重塑度假区特色氛围　274

第八章

南公河口街区的保护再生　299

第一节　街区特征　300

一、街区历史沿革　301

二、街区的价值特色　302

第二节　古厝建筑的特征　303

一、河坊市井建筑特征　303

二、与琉球赐贡相关的建筑　304

三、王府花园　304

第三节　街区的保护再生　306

一、街区现存的主要问题　306

二、街区的保护再生策略　306

三、历史要素的保护与修缮　307

四、街区整体历史意象的当代表达　312

结语

福州历史文化名城保护体系及其实施   337

一、保护要素体系   338

二、保护规划体系   339

三、法规政策体系   339

四、技术标准体系   340

五、实施成效   340

后记   342

第一章

福州城市历史
与保护历程

第一节　古城历史格局

福州，地处我国东南沿海，位于闽江下游河口平原，是福建省省会，国家第二批历史文化名城。因城内于山、乌山、屏山三山鼎峙，故有"三山"之别称；又因宋朝时郡城内外广植榕树，故又称之为"榕城"。坐落于闽江出海口、福州盆地之中的福州古城区，新石器时代曾经是古海湾，西枕鹫峰-戴云山脉，鹫峰山脉从其北部蜿蜒伸向东南，戴云山脉从其南部向东延展，形构了东为鼓山、北为莲花山、西南为旗山、南为五虎山相环绕，唯东南敞向大海的三面环山的大地理格局。此时期，原始居民在闽江下游聚居，产生了福州地区距今7000年的平潭壳丘头文化、距今5000年的闽侯甘蔗昙石山文化和距今3000年的闽侯鸿尾黄土仑文化等原始聚落文化遗址（图1-1-1），"其间不知包含了几个部族的迁徙和融合，产生了既有承袭关系又有质的差别的不同文化类型，勾勒出福建史前文化的轮廓"[1]。

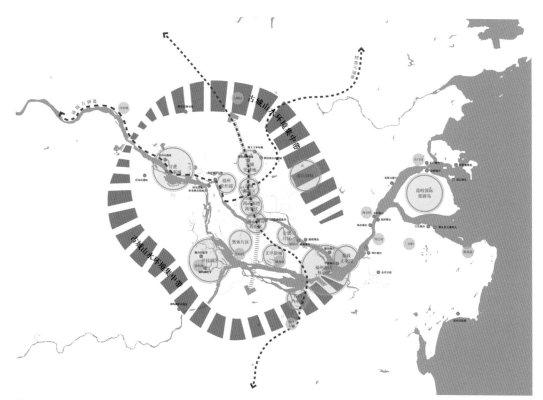

图1-1-1　福州城区及周边历史遗存分布图

---

① 王培伦，黄展岳. 冶城历史与福州城市考古论文选 [M]. 福州：海风出版社，1999：164.

长期的江海共同冲积，使闽江出海口不断从闽侯白沙、甘蔗向东（今福州市区）拓移，闽族人滨海而居并形成了一种以捕捞与采集海生食物为主、具有鲜明特色的闽族文化，也即海洋文化，正所谓"习于水斗，便于用舟"①。商周至战国中期，福建有七支不相属的称之为"七闽"的方国，均臣属于周朝，《周礼》中记载："七闽荒服，掌于职方"②。福州属"七闽地"，先祖为土著民族——"闽族"。

至公元前334年，越王勾践七世孙无疆为楚威王灭，越国解体。其王族向南逃散，有一支进入福建地区，逐渐与闽族人融合为一体，形成了闽越族。至战国晚期传至无诸，其统合了福建地区各部落联盟建立了闽越国，并自立为闽越王。此时的闽江出海口东移至今福州市区乌山、屏山一带，屏山成为海湾中的半岛。闽越人承袭了闽族人逐海而居的传统，在此建立起冶城。

秦始皇二十六年（公元前221年），秦国兼并了六国后，分封国家为三十六郡；后又四郡，闽越国成为闽中郡，闽越王无诸被废为君长。汉高祖五年（公元前202年），无诸因伐秦佐汉有功，被复封为闽越王，"王故地，都冶"③。闽越国历九十二年，三世四王，至汉元封元年（公元前110年），因无诸王子余善反汉，被武帝灭国，并迁闽越族至"江淮间，遂虚闽越地"④；据考证有部分闽越族人逃至山林中，后在闽越国冶城旧址上重建起家园，"自立为冶县"⑤。东汉建武二年（公元26年），福州设立"侯官都尉"；建安元年（公元196年）置侯官县，属会稽郡南部都尉。三国孙吴永安三年（公元260年）析会稽南部都尉设建安郡（郡治于今建瓯市），侯官县（今福州）属之，设"典船校尉"⑥。西晋之前，福建地区一直都是人烟稀少之地。

闽越国都城——冶城位于福州屏山南麓至冶山一带，而其早期城池则位于屏山之北的莲花山（古城山）南麓新店古城村⑦。据考古所揭露的信息，新店闽越国故城似为初创于战国晚期，"这是福建迄今所知最早的古城"⑧。随着国力的不断强盛，闽越国于屏山南麓陆续兴建宫殿区，逐渐形成新的城区。⑨无论从新石器时期的昙石山聚落遗址、新店闽越国故城遗址，还是屏山冶城宫殿遗址的考古发掘中都揭示出干栏式建筑的柱洞信息，证明了从闽族到

① （汉）班固. 汉书（卷六十四《严助传》）[M]. 北京：中华书局，1962：2778.
② （明）王应山. 闽都记 [M]. 福州市地方志编纂委员会，整理. 福州：海风出版社，2001：1.
③ （宋）梁克家，福州市地方志编纂委员会. 三山志 [M]. 福州：海风出版社，2000：1.
④ （明）王应山，福州市地方志编纂委员会. 闽都记 [M]. 福州：海风出版社，2001：1.
⑤ （宋）梁克家，福州市地方志编纂委员会. 三山志 [M]. 福州：海风出版社，2000：3.
⑥ （宋）梁克家，福州市地方志编纂委员会. 三山志 [M]. 福州：海风出版社，2000：3.
⑦ 王培伦，黄展岳. 冶城历史与福州城市考古论文选 [M]. 福州：海风出版社，1999：43.
⑧ 王培伦，黄展岳. 冶城历史与福州城市考古论文选 [M]. 福州：海风出版社，1999：166.
⑨ 王培伦，黄展岳. 冶城历史与福州城市考古论文选 [M]. 福州：海风出版社，1999：166.

闽越族人，其建筑多采用干栏式建筑形式；但其城市布局形态因考古的局限性，未得以揭示，或许"制同京师[①]"，新店古城或是冶城宫殿区亦如西汉长安城并没有城池中轴线，朝向也并非南北向，尤其冶山宫殿区可能采用坐东朝西的方式[②]（图1-1-2）。

　　西晋太康三年（公元282年），分建安郡部分地区置晋安郡，郡治设于侯官地（今福州），领原丰、新罗、宛平、同安、侯官、罗江、晋安、温麻八县。首任郡守严高嫌闽越冶城狭小，不足以聚众，于是将新城选址于冶山南麓已形成陆地的临水台地，靠近大航桥河

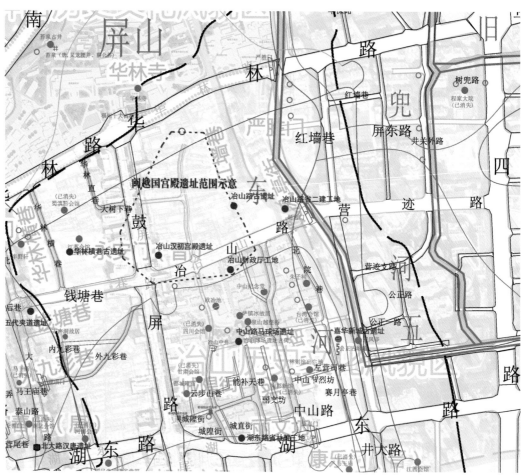

图1-1-2　西汉闽越冶城遗址考古落位示意图
（来源：根据《越王山志》考古信息自绘）

① 王培伦，黄展岳. 冶城历史与福州城市考古论文选 [M]. 福州：海风出版社，1999：49.
② 王培伦，黄展岳. 冶城历史与福州城市考古论文选 [M]. 福州：海风出版社，1999：201.

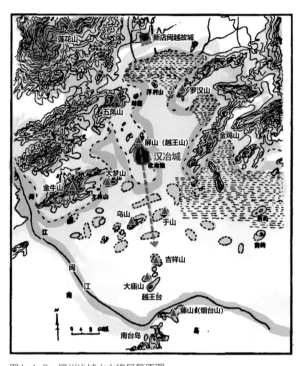

图1-1-3　福州冶城山水格局复原图
（来源：根据《10-19世纪福州城市外部形态与功能区演变研究》改绘）

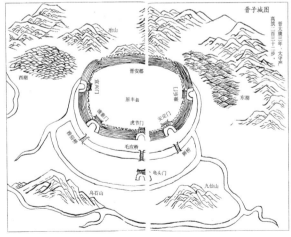

图1-1-4　福州晋子城城图
（来源：《闽都记》）

可通闽江，北侧则将冶山、云步山圈入城内，成为城池制高点，以利防卫；近水背山，而旧冶城居于城外北部。子城以城南虎节门（今虎节路口）为正南门，东起康泰门（今丽文坊南口附近），西至宜兴门（今渡鸡口），此城称为晋子城。子城虎节门外有大城壕（大航桥河），冶山、越王山（屏山）为其负扆，东西以金鸡山、金牛山等为护卫，郡衙位居冶山南麓，并引伸出一条由北而南的城市中轴线，中轴线向南穿越水中之岛屿——于山、乌山，两岛屿作为其门阙。中轴线向南，直指逐次升高的吉祥山、藤山（今称烟台山）、高盖山、五虎山（彼时皆为水中之岛）。"三峰峙于域中（于山、乌山、屏山），二绝标于户外（左鼓山、右旗山）。甘果方几（五虎山），莲花献瑞（北部莲花山）。襟江带湖，东南并海。二潮吞吐，百河灌溉，山川灵秀"[1]。故福州有"山在城中，城在山中"之称（图1-1-3）。

严高建子城的同时，疏浚了东、西两侧由海湾淤积而成的东湖和西湖，汇集东北、西北诸溪水并同城壕相连通，与江海共潮汐，既可提供通航之便，又具防洪涝、灌溉等水利功能，并解决了城市的卫生问题；而"逐渐向南扩大的洲土为城市提供了发展用地，为后来福州城的发展创造了条件。可见晋子城的选址是很成功的"[2]。晋子城确立的这种契合大自然山川形胜的城市基本格局，历经1700余年，仍延续至今，并成为福州历史文化名城最独特的价值，这或许也是我们今天所倡导的可持续发展城市、韧性城市所应具备的特质（图1-1-4）。

南朝陈永定元年（公元557年），升晋安郡为闽州，光大二年（公元568年）改为丰州，州治均设于

① （明）王应山，福州市地方志编纂委员会. 闽都记 [M]. 福州：海风出版社，2001：5.
② 郑力鹏. 福州城市发展史研究 [D]. 广州：华南理工大学，1991：14.

晋子城内。隋开皇九年（公元589年），改丰州为泉州，大业二年（公元606年）复改泉州为闽州，大业三年（公元607年）废州，改为建安郡。其间的州、郡治皆设于晋子城内。唐武德元年（公元618年）改建安郡为建州，治所仍于子城内；武德四年，移治建安县（今建瓯）。武德六年析部分地再置泉州，子城仍为州驻地。贞观元年（公元627年），增辖新置的南安、莆田、龙溪三县。开元十三年（公元725年），因州西北有福山，改闽州都督府为福州都督府，"福州"之名始确定下来，并延续至今。晋子城建立之后一直作为政治中心及贵族与官吏的住地，市肆则在城南大航桥河一带，居民区亦在城外。历经600多年发展，至唐末其格局与城垣范围几无变化。仅于唐元和十年（公元815年），在中轴线与鼓东、鼓西路（依仁坊、遵义坊）十字街交叉口修建了"州门"，亦称"鼓楼"；唐中和年间（公元881～885年），观察使郑镒为防战乱，修葺了城垣，并拓其东南隅[1]。而虎节门南居住区则逐渐形成，自晋永嘉年间"衣冠南渡"至唐末五代入闽避难，中原汉人在子城南城壕外不断居集成坊，宋淳熙年间《三山志》载："新美坊，旧黄巷，永嘉南渡，黄氏已居此。"[2]可见三坊七巷街区始于西晋，黄巷是其七巷之一。

子城发展至唐末天复年间（公元901～904年），王审知执政期间才第一次拓城。王审知为河南光州固始人，于公元885年与其兄王潮（又名王审潮）随王绪起义军进入福建，于景福元年（公元892年）攻下福州，王潮被唐朝廷任命为福建观察使，建立了对福建的统治。王潮于乾宁四年（公元897年）卒，王审知继任主政，至五代后晋开运二年（公元945年）闽王氏政权（自景福元年至开运二年计五十三年）被灭，福建为王氏家族建立的闽国所占据，此是福州第二次为王都。南宋德佑二年（1276年），临安（杭州）沦陷，赵昰逃亡至福州登基称帝，即为端宗，此为福州第三次为都。明末弘光元年（1645年），明太祖朱元璋的九世孙朱聿键自杭州入闽，被奉为监国，于福州即帝，改福州为"福京"，将布政使官署改作行宫，此为福州第四次为都。1933年发生"闽变"，中华共和国人民革命政府在福州成立，此为福州第五次为都。

王审知治闽时期，福建经济社会得以迅速发展，为入宋后福建崛起作出了积极贡献，被誉为"开闽王"。王审知重视教育，大兴"四门学"；重视发展农业，鼓励围垦，兴修水利；发展商贸，开辟福州外港——甘棠港，使福州成为东南地区对外贸易的重要港口。王审知还出于"守地养民"的目的，二度拓建福州城池，唐天复元年（公元901年）于子城外建罗城，将子城围在其中，福州城始有双重城垣。南城垣拓至今安泰河沿，设正南门曰利涉门，把子城城壕南部业已成型的三坊七巷等居住里坊、商业区包入其内；城市行政中心功能在子城内

---

① （宋）梁克家，福州市地方志编纂委员会. 三山志 [M]. 福州：海风出版社，2000：32.

② （宋）梁克家，福州市地方志编纂委员会. 三山志 [M]. 福州：海风出版社，2000：39.

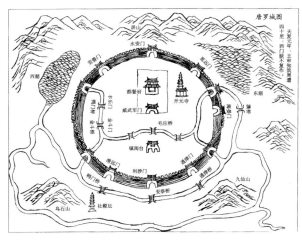

图1-1-5　福州唐罗城城图
（来源:《闽都记》）

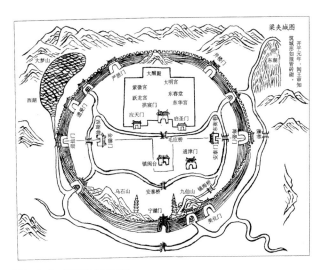

图1-1-6　福州梁夹城城图
（来源:《闽都记》）

延续，商业与居住区于大航桥河南，商埠区则南移至罗城壕—安泰河一带，大航桥河则成为内河（即虎节河、玄坛河）。这种"市南宫北"的布局，是为唐代流行的城市规划格局[1]。

北界城墙拓至钱塘巷一带，设北门曰永安门。罗城垣皆以刻有钱纹的精致墙砖砌筑，这在唐长安城城垣还是土筑的时期实属少见[2]。罗城外廓形态大体呈圆形，除中轴线南延至利涉门外，还建立东西两条次轴线连贯子城与罗城，东侧罗城之东南门——津楼门，串接子城康泰门并联系起罗城东北门——延远门，将南侧于山与北部屏山通过路径连接起来；而于城西部将罗城之西南门——清远门通过后街（即今三坊七巷中轴南后街）连接子城西南门——清泰门，并向北联系子城西门——宜兴门，续北连缀起西湖；清远门向南连接乌山。三条轴线将新、旧城串合成有机的整体，并与自然山水共构了具有鲜明特色的城市艺术构图（图1-1-5）。

梁开平二年（公元908年），闽王王审知又于罗城南北筑夹城，谓之南月城、北月城，总称为梁夹城。南月城将于山、乌山括入其内，罗城利涉门中轴线延伸至两山麓间，设夹城正南门，曰宁越门。北夹城伸入屏山南麓（今华林路一带），设东北门曰严胜门；设西北门曰遗爱门，设西门曰迎仙门，通怡山。东门仍为罗城海晏门，于东南设美化门，门内通水部门。梁夹城的建设初步奠定了福州古城的城池范围（图1-1-6）。宋开宝七年（公元974年），吴越国福州刺史钱昱又筑东南夹城，即宋外城，城垣向东拓至今晋安河，设东门曰行春门；南城垣向南拓至今东西河北岸，设正南门——合沙门。但至明初筑府城时，又将南城墙退回梁夹城位置，唯东南侧延续宋外城城垣界址及东门。

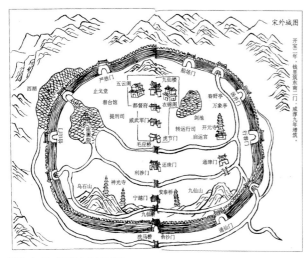

图1-1-7 福州宋外城城图
（来源:《闽都记》）

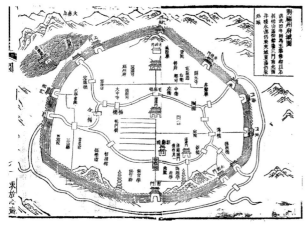

图1-1-8 福州明府城城图
（来源:《闽都记》）

王审知于唐天祐元年（公元904年）为已故的父母和两兄长"超荐冥福"，在于山西南麓修建报恩定光多宝塔，今俗称"白塔"。与白塔东西对峙的乌山东麓"乌塔"，则初建于唐贞元十五年（公元799年），称为"贞元无垢净光塔"；五代晋天福六年（公元941年），王审知之子闽王王延羲重建，改名"崇妙保圣坚牢塔"[1]，今俗呼"乌塔"。

至此，经晋子城、唐子城、唐罗城、梁夹城、宋外城不断累筑，人工与自然结合，形成了"青山绕城，三山鼎秀，州临其间，襟江带湖，街市绕河，一轴贯城，两塔对峙，丽谯七楼遥指城南钓龙台"的城市空间景观格局。所谓"丽谯七楼"，是指宋时从南台江入城，历宋合沙门，梁宁越门，唐利涉门、子城还珠门与虎节门、威武军门（鼓楼）至都督府门七重楼，呈现出一幅秀丽山水画境："城里三山古越都，楼台相望跨蓬壶。有时细雨微烟罩，便是天然水墨图"[2]（图1-1-7）。

宋太平兴国三年（公元978年）福州归宋后，奉诏堕其城垣，诸城皆废。至熙宁年间，太守程师孟虽修子城并拓其西南隅，但"终宋之世，州城不能复旧观也"[3]。入元后，又再次奉诏废堕，福州遂成为一座没有城垣的州城。到了明洪武四年（1371年），驸马都尉王恭受命"修砌以石，北跨越王山（屏山）为楼，曰样楼"[4]。王恭筑福州明府城，除东南隅保留宋外城城址、北跨越屏山，其余大体皆以梁夹城旧址改砖为石，砌筑城垣。明府城第一次真正将三山括入城池内，同时在城市中轴线北端屏山之巅建起样楼，也即镇海楼，上祀真武。明府城亦确立了福州古城最终的城池范围（图1-1-8）。清

① （清）郭柏苍. 福州市地方志编纂委员会. 乌石山志 [M]. 福州：海风出版社，2001：79.
② （明）王应山，福州市地方志编纂委员会. 闽都记 [M]. 福州：海风出版社，2001：6.
③ （清）林枫，福州市地方志编纂委员会. 榕城考古略 [M]. 福州：海风出版社，2001：2.
④ （清）林枫，福州市地方志编纂委员会. 榕城考古略 [M]. 福州：海风出版社，2001：2.

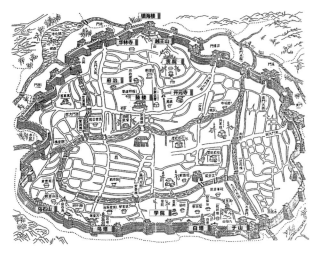

图1-1-9　福州清代府城城图
（来源：清光绪六年（1880年）《福州府城图》）

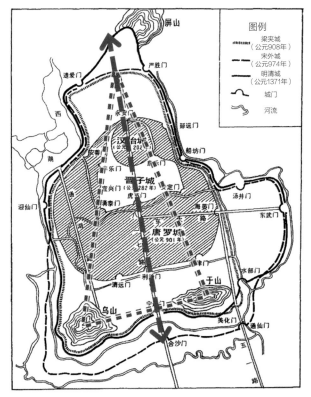

图1-1-10　福州"三山两塔一楼一轴"结构图
（来源：根据《福州城乡建设志》改绘）

福州府城沿之，几无变化（图1-1-9），后世的城市发展则随着水退城进，向南、向东跳出古城，逐港口发展新区、新城，形成了组团式的城市结构形态。

明府城的建设亦完善了自晋子城创立的"三山鼎立，一轴贯城"的城市整体空间景观结构，最终形成了"三山两塔一楼一轴"的独特格局（图1-1-10），福州城这种充分契合自然条件，在城市发展过程中一代人接续一代人不断追求人工建筑与自然形势之结合，而获取整体艺术构图的成果，"足以称为东方城市设计的佳例""堪称绝妙的城市设计创造"①。

福州2200多年的发展、繁荣，最重要的动力"还是在于它是对外交通贸易的港口"②。东汉时，福州港（东冶港）已是我国对外的重要港口，《后汉书》记载，公元83年，"旧交趾七郡贡献转运，皆从东冶泛海而至"③。三国东吴在福州东直巷设"典船校尉"。中唐以后，福州为对海外的重要贸易港，中外文化交流频繁，从冶山东南端考古揭露出的唐代马球场遗址可得到实证。唐五代闽王王审知开辟福州甘棠港进一步发展海外贸易，北通渤海、高丽、日本，南达占城（今越南）、三佛齐（今苏门答腊）、天竺（今印度）、阿拉伯等地。由此，马尾闽安邢港、台江河口港等也随之兴起。

宋元时期，福州亦是重要的贸易港口城市，呈现出"百货随潮船入市，万家沽酒户垂帘"的商贸繁荣景象。造船业继续兴盛，在河口、闽安等设造船厂，在美化门内设临河务④。南宋绍兴十年（1140年），

① 张复合. 建筑史论文集（第12辑）[M]. 北京：清华大学出版社，2000：1.
② 罗哲文. 罗哲文历史文化名城与古建筑保护文集[M]. 北京：中国建筑工业出版社，2003：126.
③ （宋）范晔. 后汉书[M]. 北京：中华书局，1965：1156.
④ （宋）梁克家，福州市地方志编纂委员会. 三山志[M]. 福州：海风出版社，2000：85.

朝廷在福州一次就置办海船千余艘，福州成为全国造船业中心^①。元代，闽江港的繁荣景象可从马可波罗游记中得到体现："有一条大江（即闽江）穿城而过。江面宽1.6公里，两岸簇立着庞大、漂亮的建筑物。在这些建筑物前面停泊着大批的船只，满载着商品……许多商船从印度驶达这个港口。印度商人带着各色品种的珍珠宝石，运来这里出售，获得巨大的利润"^②。

明代，福州长乐太平港（包括闽安邢港）成为郑和七次下西洋庞大船队的驻泊基地。福州河口港（今国货路南侧）成为中国与琉球国文化交流、经济贸易的唯一口岸，明朝廷在此设置柔远驿、进贡厂专门接待琉球国的使者和对外贸易机构；为此，于明成化十年（1474年）将设置于泉州的福建市舶司移置福州，使福州港更加繁荣。明弘治年间，督舶太监将闽江南岸仓前山东段（今临江境）无偿让给外国人建港以方便停泊番船，此地因而得名番船浦（今称"泛船浦"）。清末，福州成为五口通商口岸之一，尤其是太平天国运动后，泛船浦更成为全国最重要的茶港，仓前山一带亦迅速发展起来。泛船浦地段成为洋行、仓库的集中区，建有英商天祥洋行及仓库、怡和洋行及德士古石油公司大楼等。于1861年，福州洋海关（闽海关）在此成立，今泛船浦教堂附近还有海关巷存续。其西侧仓前山（亦称烟台山）地区则成为领事馆与外国人居住地，先后建有英国、美国、法国、俄国、德国、日本等17国领事馆，以及娱乐建筑（乐群楼）、教会医院（塔亭医院等）、教会学校（毓英女中、陶淑女中等）、教堂（天安堂、石厝教堂）。故仓前山一带素有"万国建筑博览会"之称。伴随着外国人大量聚集，仓山近代城区逐渐成形，加之民国时期的城市发展，已然成为福州重要的文教区。

19世纪下半叶，仓前山一带逐渐成为外国人居住地的同时，为了避开福州漫长炎热的夏季，美国牧师伍丁于1885年发现城东北侧鼓岭的一处高海拔（平均海拔750~800米）凉爽地，随后驻福州的外国人纷纷在此建度假别墅，作为夏季消暑办公地，鼓岭亦成了中国最早的避暑胜地之一，有"左海小庐山"的美誉。最高峰时，有中外人士度假别墅四百余幢，形成了个性鲜明、充满时尚生活方式的国际度假社区，是福州历史文化名城的重要组成部分。

19世纪60年代，清政府开启了"师夷长技以制夷"的洋务运动，马尾船政园是其重要的实践地。由时任闽浙总督左宗棠于1866年奏请朝廷办福建船政，清廷第一任船政大臣沈葆桢于1867年着手创建。马尾福建船政集船政衙门、福建水师、造船（产业）、学堂（前后学堂）、艺圃（技工学校）、绘事院（设计研究）、官街等生活居住为一体，其工业系统、教育系统、军政系统、社会系统完备，形成了福州又一个近代城区。马尾船政不仅在器物层

① 张天禄，福州市地方志编纂委员. 福州市历史文化名城名镇名村志［M］. 福州：海潮摄影艺术出版社，2004：39.
② （意）马可·波罗. 马可波罗游记［M］. 陈开俊，等，译. 福州：福建科学技术出版社，1981：191.

面为我们留下了宝贵的物质遗产（轮机厂、绘事院、一号船坞、官厅池等），更为重要的是培养了如严复等一大批促进中国近现代化进程的重要人物，今天已成为福州城市的代表性历史文化遗产。

福州城市在近代走向跨江向海发展的同时，闽江北岸以上下杭地区为代表的南台江地区在清末民国时期亦走向辉煌。南台江地区位处古城中轴线南端，与仓前山隔江相望，距古城正南门（宁越门）约2.5公里，于大庙山南麓一片沙洲地上逐渐发展起来。

据史书记载，上下杭地区始于西汉初年，汉高祖五年（公元前202年）刘邦册封无诸为闽越王，无诸在今大庙山上筑台接受汉廷册封。大庙山原是城南闽江中一孤岛，因感激汉王恩泽，名为"惠泽山"；后为纪念无诸在册封台旁建闽越王庙①，此山遂又称"大庙山"。大庙山及附近地区唐以后就已被称之为"南台"。唐末五代时期，在大庙山南麓闽江边出现了渡口码头。唐天祐元年（公元904年），朝廷派册封使翁承赞于大庙山册封王审知为闽王，闽王于山南之新丰市堤设宴为册封使饯行，"登庸楼上方停乐，新市堤边又举杯"②；说明在唐末五代福州大庙山一带就有了水运码头并依闽江筑堤成市。闽江水夹带着上游大量泥沙，渐于大庙山南麓冲积成两个大沙痕。从北宋元祐年间开始，两个大沙痕不断淤积，并析出洲地，与东南部的中航（中亭街一带）、西南之帮洲、义洲及南部苍霞洲连成陆地。因靠近省垣，且水陆便捷，港市逐渐形成，上航、下航、中航也变成了上杭街、下杭街、中亭街（图1-1-11）。明末清初，闽江上游洪塘港淤积，南台地区港市更加发达，"成为辐射全省、连接省外乃至东南亚地区的商品集散地"③。

福州从西晋建子城起，码头商业区就设于其城南大航桥河岸。唐罗城则移设于罗城南城壕（安泰河）一带。宋代福州商业越趋繁荣，城南陆地亦迅速向南推移，闽江航道离城垣越来越远，出现了"城"与"市"分离的趋势，城市结构形态开始改变。宋代及明初主要内港设于水部门外城东南河口一带及城西洪塘港。由于闽江航道继续向南移，明弘治元年（1488年）于河口开凿了人工运河（直渎新港）直通闽江。而南台一带于明代亦繁荣起来，形成了更具规模的港口商贸集中区，于清末走向鼎盛，与南岸仓前山片区共同构成了滨江近现代历史城区。至此，福州历史性城市形成了"城"与"市"分离的独特格局，之间以茶亭街相连接，构造了"一轴串两厢"的空间结构；加之马尾船政文化区以及明代就成型的长乐太平港，城市结构演变为沿江、跨江、向海发展的"一城四组团"的空间形态——"其因地制宜发展为'一城四点'带状城市的发展模式，至今仍是一个重要案例"④。（图1-1-12）福

---

① （宋）梁克家，福州市地方志编纂委员会. 三山志［M］. 福州：海风出版社，2000：96.
② （明）王应山，福州市地方志编纂委员会. 闽都记［M］. 福州：海风出版社，2001：120.
③ 卢美松，福州市台江区政府台江区政协. 福州双杭志［M］. 北京：方志出版社，2006：1.
④ 汪德华. 中国城市规划史纲［M］. 南京：东南大学出版社，2005：155.

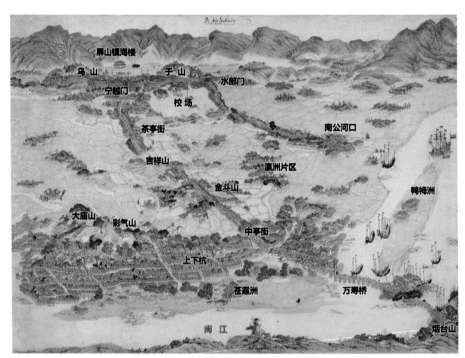

图1-1-11 繁荣的闽江港口
（来源：曾意丹《福州古厝》）

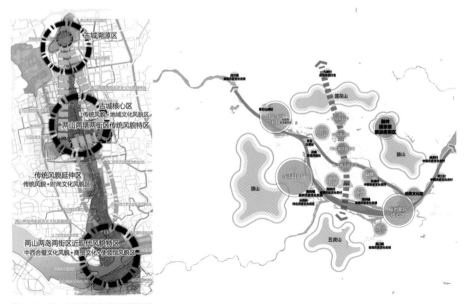

图1-1-12 福州城市空间结构图
（来源：根据《福州市历史文化名城保护规划》改绘）

州建城伊始一直沿着城市历史发展轴向南发展，经由2200多年的历史积淀，如今仍存续着诸多具有鲜明的各个历史时代特征且丰富多元的历史地段。古城区的三坊七巷与朱紫坊历史文化街区代表着中华儒家思想的士大夫文化；上下杭历史文化街区则代表着福州人开拓进取、传承创新而创造出的中西合璧的近现代文化；而仓前山历史文化风貌区、马尾船政文化园、鼓岭避暑胜地等地段则反映了闽都文化开放包容、海纳百川的城市精神；南公园河口特色历史文化街区既是中琉文化交流的见证地，更是福州数百年来市井文化的集中承载地。

第二节　福州古厝的主要类型及组织形态

通过对福州城市文化遗产保护与活化的实践对象的长期理解与体悟，我们将古厝理解为"老建筑"，尤其是指各类传统建筑，如民居、商业建筑、祠庙、会馆等古建筑。通过分析各历史地段特色形态的主要类型建筑，寻找归纳其源于历史的基本类型、变异类型、创新类型及其不同类型的组织形态特征。中国传统建筑多以木结构为主体，呈现出以"间"为单位组合成一座房屋的典型特征。其最普遍的类型是三间横向组合的"一明二暗"形式的房屋，福州地区称其为"四扇厝"；五间组合则为"六扇厝"。"间"组成的房屋四面围合形成封闭的"院"，构成合院式布局建筑。合院建筑沿纵深多进组合就组成"落"，"落"横向排列构成"群落"，"群落"通过一定的组织肌理形成不同尺度规模的城镇与乡村聚落。不同的建筑类型及组织秩序构成风格迥异的聚居形态。研究福州不同时期历史地段存续建筑的基本类型，我们将其归纳为柴栏厝、传统院落式大厝、民国风格建筑（洋脸壳厝、红砖厝、外廊式建筑）等类型。

一、柴栏厝

柴栏厝是福州最古老的一种民居类型，其由巢居演变而来。原始人类多居于近水的天然洞穴里，或"构木为巢"以避洪水猛兽，称为"巢居"[①]。这种"巢居"方式演变为后世的"干栏建筑"，成为中国尤其是南方地区一种普遍的居住建筑类型。从闽侯昙石山、黄土伦古人类聚落遗址和福州闽越国古城遗址的考古发掘中都揭露出干栏式建筑的柱洞遗迹，其直至20世纪90年代初还广泛存续于福州城乡，作为一种市井百姓居住或商业类型建筑。干栏

---

① 刘致平. 中国居住建筑简史——城市·住宅·园林 [M]. 王其明，李乾朗，增补. 台北：艺术家出版社，2001：18.

式建筑在福州闽江岸还演变为一种称之为"水居"的建筑形式，为疍民的居所。福州自古有以舟为居的人家，其世代生活于水上或岸边，隋唐时期称为"蜒人"，宋以后称为疍族，皆保留着闽越族人的生活习性。居于水上的人以船为家，称为"连家船"，其船首尾尖高，船身平阔，形如蛋；而岸上的房屋则采用架空的干栏式以利过水，以木桩支起的称为"四脚房"，以石垒垫的称为"提脚房"[①]，闽江中的三县洲（江心岛）曾是水居屋的集中地。这些水上居民，到20世纪80年代末才上岸居住。

所谓"柴栏厝"是指纯木构、传统小青瓦坡屋面建筑，多为二、三层，讲究者其木构架亦采用传统大厝的穿斗式扇架，外墙梁柱间饰以木板堵与灰板壁；沿街巷的柴栏厝多设有精致走马廊。柴栏厝是传统商业街市、市井百姓居住所普遍采用的建筑类型，每间面阔一般为3~4米，也有面宽达6米的（沿街采用扛梁式）；进深依地形长短不一，大进深者居多。沿街巷者则商住合一，临街一层为商铺，后为厨房、餐厅，二、三层为居住功能。柴栏厝多以"间"为单位，一户一间，亦有少量"一明二暗"四扇厝间夹其中，连续横向排列，互为依靠，形成了良好的结构整体性。为了防火，沿街巷相隔十几间分段设厚实封火墙，于街巷中间设拱形门洞，门洞两侧各挂一块铁板门扇；当遇火警时，便将其合拢，以挡火焰蔓延。乡规民约规定，紧靠防火墙两侧的房屋高度不得超过封火墙[②]。上下杭历史街区的上杭路西段南园巷口、后洋里巷等还存续着此形式封火墙门洞。

柴栏厝联排建筑在民国时期演变为更为简单的结构形式，穿斗式木构多改为三角木屋架或八水木屋架，斜梁上搁檩，外墙则铺满由上而下叠压的宽约12厘米的杉木板，称为"鱼鳞板"。此类建筑由于结构简单，施工快捷，经济实用，成为民国时期直至中华人民共和国成立初期城市灾后重建普遍采用的建筑形式，广布于古城内及台江地区，集中成片区的有古城内的南后街及台江洋中路、台江路与瀛洲河一带。在各历史城区历史地段的保护活化中，我们强调其作为一种特征类型的遗产进行保护。如于南后街修复中，我们既关注院落式大厝的保护，亦强调古城区商业建筑主要类型（柴栏厝）的存续与再造，重塑其"正阳门外琉璃厂，衣锦坊前南后街"之文儒书香气息。而于南公园河口街区保护修复中，设计则尽最大可能真实、完整地保存其各历史时期的柴栏厝形式，传续其作为市井百姓生活方式的样本，以期将历史存续下来的各类型建筑重新编织成完整的历史实物链，并纳入名城整体保护体系中（图1-2-1）。

① 刘润生，福州市城乡建设志编委会. 福州市城乡建设志 [M]. 北京：中国建筑工业出版社，1994：588.
② 中国人民政治协商会议福州市台江区委员会文史资料委员会. 台江文史资料（第14辑）[M]. 1998：81.

图1-2-1　福州柴栏厝

二、传统院落式大厝

　　院落式大厝是福州传统民居的另一种主要类型，其传承于中原建筑的古老形式，形成于西汉闽越国冶城，三坊七巷、朱紫坊历史文化街区古民居是其典型代表。"院落+中轴"的布局，或廊院或三合院、四合院，无论用于衙署、寺庙、书院、会馆或是民居，大厝皆讲究中轴对称，主从有序，大门居中。民居建筑多采用穿斗木构架，厅堂或抬梁式（明代及之前）或穿斗减柱造。不同的组织形式、不同地理气候衍生出不同的风貌特征。城镇坊巷（如三坊七巷）或乡村群落（如闽清宏林厝）之院落建筑集合体，为满足防火需求，各院落外墙多采用高大宽厚的封火墙围合，划分防火单元，且城乡有别。三坊七巷、朱紫坊、上下杭等街区每进院周以"封火墙"居多，前后进院于中轴线上开石框门洞相联通；每进院皆设前后庭井，前庭井阔朗大气，进深与高度比多大于1，后天井则狭窄，仅满足通风及斜屋面排水需求。

　　三坊七巷街区中官绅大厝还存续有一类独特的布局，其主落各进前庭井为廊院式合院，主座前三面绕廊，无厢房与倒座房，更显阔气、疏朗，极富空间艺术感染力。这种廊院，自宋起渐少，"到明清两代几乎绝迹"[1]，但于三坊七巷街区则是普遍存在的形式（图1-2-2）。同是封火墙，市域范围的不同地区也呈现出多样的形式，古城区内多为优雅且富有张力的马鞍形封火山墙，于沿海各县乡村则呈现出更为多元且个性鲜明的形式，如"火"形"水"形"如意"形"人"字形等。

　　各乡村中的院落式民居，依据其气候与地域条件形成了不同的外观特色，如闽侯西部地区及晋安山区的民居院落，其幢与幢之间距离较大，且受台风影响小于沿海地区，山区又多

---

① 刘敦桢. 中国古代建筑史（第二版）[M]. 北京: 中国建筑工业出版社，1984: 11.

雨，故大量为悬山式，无封火山墙。闽侯地区还形成了一种独特的院落布局形态与外观形式，建筑面阔一般为七开间，将两侧尽间做成撇舍式单坡屋顶，其屋顶沿主座进深方向分成三段式，中段升起，与中间五开间双坡顶的山面形态相呼应，既解决了高耸山面因没有封火墙而令山面木构件及灰板壁易受雨水侵蚀的问题，又形塑了生动而独具个性特色的整体造型（图1-2-3）。位于山区的永泰县也发展出独特的山面大悬山做法（图1-2-4）：马鞍墙与悬山相结合，或是主厝两坡顶穿出封火墙做悬山保护墙面，或将尽间置于封火墙外，屋顶做悬山式，再于山面外置撇舍，撇舍屋顶也多为三段式；高出屋面的马鞍墙皆饰以独特的"穿瓦衫"，形成了具有鲜明地方个性的建筑和艺术特征。福州城区的城南平原乡村、城北山区院落民居还出现一种鲜见的封火墙与主座双坡顶高起的悬山面相结合的形式，出挑悬山尺寸较小，利于节约用地，是为一种更为经济安全的做法，如城北新店闽越古城内的古城村民居建筑（图1-2-5）。

图1-2-2 福州传统院落式大厝

图1-2-3 昙石山街区古厝图

图1-2-4 永泰县院落式建筑的独特外观形式

图1-2-5 新店闽越古城内的古城村民居建筑

三、民国风格建筑

伴随着城市的近代化进程，尤其在1844年福州成为五口通商口岸后，外国人在仓前山建设领事馆、洋行、别墅等建筑，也加速了传统建筑的近代化。民国风格建筑于20世纪20、30年代的繁荣时期走向成熟，与传统建筑共同编织起城市街巷、街坊景观意象。

所谓福州民国风格建筑，泛指发端于清末，糅杂了殖民风格建筑外廊、西方文艺复兴、巴洛克、古典主义、折中主义等多种风格于一体，仍呈现出强烈地方特性的清末至中华人民共和国成立初期国人所建的中西合璧的各类建筑。它既不同于19世纪下半叶在仓前山出现的外国人自行设计的领事馆、洋行、教会等建筑，或具有其本国风格的建筑，或纯粹西式风格的哥特式教堂（石厝教堂等），也不同于孤例式的华南文理学院、福建协和大学等教会中国式风格建筑，以及中国固有式风格建筑等。

1. 洋脸壳厝

清末、民国初期的商业、民居建筑，其平面布局直接沿用固有的院落式或柴栏厝建筑及结构形式，建筑层数由平房变为二、三层，提高了土地利用率；而外立面及室内装饰构件逐渐西化。于外立面，地方工匠以传统材料、传统建造技术表达西式各种装饰做法，如叠涩线脚、拱券门窗、巴洛克装饰构件等，尤其是将砖木材料的表现力发挥到极致。此类建筑民间将其形象地称为"洋脸壳"厝，形成一种完全不同于其他城市、独具地方特性的民国时期建筑类型。

"洋脸壳"厝于三坊七巷街区仅零星出现，如南后街的叶氏民居门楼、宫巷的刘冠雄故居门楼、吴石故居门宇等。而台江区上下杭街区则为其集中呈现地，加之上下杭街区的"街市制"格局形态，形成了与三坊七巷迥异的文化景观与空间体验感知意象（图1-2-6）。

此"洋脸壳"建筑，给古老城市真正带来新气象的是城市传统中轴线的整体改建。1927~1929年间，从鼓楼前、南街、经南门兜茶亭街至南台江中亭街过万寿桥、江南桥至观井路、观海路的全线道路改造贯通工程，将仅4~6米的石板路拓宽至可通汽车的15米左右的道路，并改造或新建沿路两侧的商业建筑。沿线建筑多采用"洋脸壳"厝形式，使城市中轴景观全然不同于历史

图1-2-6　上下杭周边"洋脸壳"厝建筑

图1-2-7　台江汛中西合璧的建筑

上的任何时期景象，亦在一定意义上让古老城市走向了近现代化。

2. 红砖厝

福州在进入20世纪之初，随着茶港衰落，进出口贸易出现逆差，城市经济社会进入停滞期，城市建设也处于消沉期[①]。至20世纪20年代末，福州民族资本主义兴起，涌现出许多民族资本家，带动了城市经济的繁荣。1927年至1937年，所谓民国"黄金十年"，亦是福州城市与建筑发展最迅速的时期。国民政府不仅先后修拓了古城内的主要道路、各城门口通往省内各城市的公路和古城联系各城市组团的道路，并进行了城市传统中轴线的整体改造。其于1930年修建了万寿桥东侧台江汛1号到6号码头，1935年在码头北侧吹沙造地进行房地产开发，建起具有城市商业综合体性质的集旅店、百货、澡堂、国药店、戏院等多元功能复合的商业区。四至五层连续排列的大体量建筑集中呈现，形塑了城市传统中轴线与闽江交汇处的城市形象，俨然成为福州新时期的城市标志。其设计成熟精致，功能与形式统一；平面布局为集中式，具有现代建筑的结构特征；立面风格中西合璧，仍具有浓郁的地方性；于建筑结构与材料方面，除传统砖木结构外，还采用了钢筋混凝土砖混结构，体现了时代性特征（图1-2-7）。

闽江南岸的仓前山地区，在消沉了二十余年后，于民国"黄金十年"得到了更为迅速的发展。民族资本家与华侨大量涌入进行房地产开发或自住华侨厝建设，于麦园路南至上三路之间建起了成组成片2~3层的纯清水红砖外墙、青瓦坡屋顶建筑，形成了可称之为"红砖厝"的高档居住组团，主要有马厂街、公园路、麦园路、象山里、积兴里等组团，迄今仍存续完好。其建筑风格截然不同于福州之前历史上出现的各类型建筑，包括外国人19世纪下半叶以来在仓前山及于福州各地所建的建筑。从类型学来看，"红砖厝"为一种变异的新类型，是一种新的居住类型建筑，主要有两种形式：独立式与联排式。联排式建筑还保留着殖民风格建筑外廊建筑的特征，但已衍化为各户的入户门廊与上一层的凹入式阳台。独立式住宅设计则更富创意，由于布置有半地下室，门厅层设于其上，以大台阶与地面联系，平台处设外廊式门廊，廊柱多采用圆砖柱，与两端的八角窗转角圆砖柱相呼应。其门窗形式

① 薛颖. 福州近代城市建筑 [D]. 上海：同济大学，2000：36.

图1-2-8　红砖厝建筑

亦多样，有矩形、拱形、尖券形等，内层为玻璃窗，外为可启闭的木百叶窗，造型、比例优美，充盈着时尚气息，淡淡折射出19世纪末英国安妮女王复兴风格（图1-2-8）。

此类建筑还有一个区别于"洋脸壳"厝的显著特征是坡屋顶不出挑，也不设女儿墙做内天沟排水，而于檐口处通过砖叠涩出檐排水。其西式直线式坡屋面，坡度平缓，整体造型简约优雅。红砖厝建筑群的组织肌理亦极具特色，单体建筑不临街巷，而居于基地之中部，四面围以院墙，隐于树林中；设院门与街巷通，院门形式皆讲究以传统坊门形式为参照进行类比设计，或清水红砖或青砖砌筑。高起的牌门通过多重如意墙垣与清水青砖院墙相接，隆重而多样；门洞上方置灰塑题匾，或"爱庐"或"可园"，或"无逸山庄"或"永安里"（图1-2-9），别有逸趣，花园环绕建筑既具时尚生活气息，又富坊巷人家的街坊意韵，开创了一种新的居住生活模式。

3. 外廊式建筑

外廊式建筑最早出现于仓前山、泛船浦一

修庐　　　　　　　可园　　　　　　无逸山庄　　　　　　永安里　　　　　　居安里

图1-2-9　老仓山红砖厝建筑群

带的领事馆、洋行建筑等。早期外国人自行设计使用的外廊式建筑，或为单面柱廊或为四面环廊，外立面多为白色，装饰简约，仅勒脚、楼层处腰线及檐口饰以线脚，外门窗皆加设木百叶门窗。清末至民国时期，则演进为清水砖墙或砖石混砌的外墙，更精致，亦更富地方性。建于马尾的英国副领事馆及梅园监狱，与其位于仓前山的白色外墙的拱券外廊领事馆不同。英国副领馆及梅园监狱于1860年建于马限山，监狱部分较封闭，仅设几个方形透气孔（高窗式），办公部分则为外廊式建筑；地下室及半地下室露明部分为块石砌筑，上部外墙以清水青砖墙为主，拱券廊柱及檐口线脚局部，采用清水红砖砌筑，柱础、柱头与矩形门窗楣则采用石材，立面造型设计颇为精致，已具强烈的福州本土特色。

清水砖砌筑的外廊式建筑，在民国时期还与院落式建筑结合，将内部空间室外化，形成更为多元的表现形式，如万寿桥（解放大桥）西北端的基督青年会大楼、省轮船公司办公楼，而最为典型的则是苍霞历史地段中平路的南方日报社内庭（图1-2-10）。

福州历史上的外廊式建筑，无论于仓前山或台江上下杭地区，还是鼓岭避暑社区，皆作为一种独立式建筑类型散布于自然的山水环境之中，不构成街区街坊形态，并随着历史的演进逐渐融入不以外廊式建筑为主导类型的各类建成环境中。唯有鼓岭宜夏村的局部地区还小

图1-2-10 南方日报社内庭

图1-2-11　鼓岭外廊式建筑

规模存续着相对集中的外廊式度假别墅区，福州历史文化名城保护规划将其确立为历史建筑群加以保护。鼓岭度假别墅多为一层，两面或单面设宽外廊，皆为石木结构，地方传统青瓦缓坡屋顶，门窗均饰有白色木百叶，室内设有壁炉。墙体石材为当地产青色毛石，蛎壳灰勾缝，墙体厚实；室内地面多为架空杉木板铺设，外廊为地方传统红色斗底砖铺地，内外一体，朴素简雅。其形体舒缓，土洋结合，创造了一种既适应地域气候特征，又具有鲜明地方个性的外廊式建筑新类型（图1-2-11）。

通过对各个历史地段主导建筑类型进行梳理，我们将福州历史文化名城各主要历史地段归纳为五种特征类型：

三坊七巷、朱紫坊历史文化街区以传统院落式大厝为主导建筑类型，称之为第一种类型；上下杭历史文化街区（包括苍霞历史地段）以"洋脸壳"立面、二层为主的院落式大厝与联排式洋脸壳厝为主导建筑类型，称之为第二种类型；南公园河口历史街区则以联排式柴栏厝为主导建筑类型，称之为第三种类型；老仓山马厂街、象山里、公园路等历史地段以红砖厝为主导建筑类型，称之为第四种类型；鼓岭避暑社区以外廊式别墅为主导建筑类型，则称之为第五种类型。

第三节　福州古厝的保护历程

　　"古厝"是福州对"文物古迹"的地方性称谓。"文物古迹"的概念形成是西方近代科学发展的结果，"诞生于近代西方的考古学，尝试用科学发掘和断代的办法获取古代遗存，并将那些古代遗存变成科学地复原人类历史和文化的工具，这些古代遗存也就有了'文物'这一具有全新内涵和意义的词汇"[①]。在我国，具有现代意义的文物保护意识始于20世纪20年代，民国十一年（1922年），北京大学成立考古学研究室，这是我国最早的文物保护相关研究机构；民国十九年（1930年），中国营造学社成立，开启了对中国古建筑的田野调查、测绘，并运用现代科学进行研究，"构建了中国建筑史学研究的基本框架，影响深远"[②]。同年，中华民国政府公布了我国历史上由国家颁布的第一部文物保护法规——《古物保存法》。

　　民国十九年（1930年），陈衍、董藻翔、施景琛等人于福州发起组织了闽侯县名胜古迹古物保存会，倡修古迹。其计划从冶山遗址公园入手，计划用两年时间修复自汉迄清的古迹，后因抗日战争爆发未能实施[③]。中华人民共和国成立后，省市文史部门专家对福州城市的历史文献、历史变迁、文物古迹等进行了长期的研究，出版了丰富的研究成果。与此同时，福建省市考古部门进行了长期不懈的考古发掘工作，挖掘整理了大量福州地区历史、人文地理的变迁信息与实物证据，揭示了福州港始于汉，闽越国都城（冶城）以及福州古城的历代拓建的历史轨迹等，还原了古城的真实形象，为福州历史文化名城的整体保护奠定了坚实基础。

　　改革开放后，福州的文物建筑不断得以保护修缮，并开放于公众。1982年，林文忠公祠进行保护修缮，辟为林则徐纪念馆对外开放。1983年，长江以南现存最早（始建于宋乾德二年，公元964年）的木构建筑——华林寺大殿被列为全国重点文物保护单位；1984年，国务院批准并拨款进行"落架移位"保护修复，1989年10月竣工。修复后的大殿为面宽三间（通面阔15.87米）、进深四间（通进深14.68米）的典型五代晚期风格建筑[④]。正如莫宗江先生认为："时间虽已进入北宋时代，但当时的福州仍然在五代吴越国的范围之内，故仍应看作是五代晚期的木构建筑"[⑤]。华林寺与莆田玄妙观三清殿等福建宋初的建筑大量采用丁头栱（也称插栱）的做法，日本镰仓时期（12世纪末）的同类建筑（大佛样）与其接近，"证明'大佛样'是传自南宋福建的地方建筑式样，为了解古代中日两国文化交流提供了重

① 单霁翔. 文化遗产保护与城市文化建设 [M]. 北京：中国建筑工业出版社，2009：74.
② 薛林平. 建筑遗产保护概论 [M]. 北京：中国建筑工业出版社，2013：56.
③ 黄启权，福州市地方志编纂委员会. 三坊七巷志 [M]. 福州：海潮摄影艺术出版社，2009：10.
④ 张天禄，福州市地方志编纂委员会. 福州市历史文化名城名镇名村志 [M]. 福州：海潮摄影艺术出版社，2004：25.
⑤ 王贵祥. 愿封植兮永固，俾斯人兮不忘：忆先师莫宗江教授 [J]. 建筑创作，2006（12）：138.

要的物证"①。

　　1986年，国务院公布福州为第二批国家历史文化名城。1989年，福州市政府邀请同济大学阮仪三教授牵头编制《福州历史文化名城保护规划》。但20世纪80年代兴起的旧城改造在不断地侵蚀着城市历史遗存，城市发展与文化遗产保护的冲突时有发生，作为国家历史文化名城的福州也不例外。福州迄今还能存续如此众多的古建筑、不同时期的历史地段，得益于习近平同志主政福州期间高度重视历史文化名城保护工作。1991年3月10日下午，在杨桥路改造现场，研究南后街北端西侧一处古建筑是否拆除改造，在核实了确为林觉民故居后，时任福州市委书记的习近平同志明确要求有关部门就地保护修缮，并在现场召开的市委市政府文物工作办公会议上提出："评价一个制度、一种力量是进步还是反动，重要的一点是看它对待历史、文化的态度。要在我们的手里，把全市的文物保护、修缮、利用搞好，不仅不能让它们受到破坏，而且还要让它更加增辉添彩，传给后代。"当年11月9日，亦即辛亥革命福州光复80周年纪念日，修缮后的林觉民故居作为福州市辛亥革命纪念馆对外开放。1991年10月至1992年1月，福州市政府公布了64处挂牌保护的名人故居，包括陈若霖、陈衍、高士其故居等，今天都成了文物保护单位。

　　1992年1月24日，习近平同志于《福建日报》发表署名文章《处理好城市建设中的八个关系》，高屋建瓴地论述了城市建设的八个关系：上与下、远与近、旧与新、内与外、好与差、大与小、建与管、古与今。关于"古与今"，他论述到："我们认为，保护古城是与发展现代化一致的，应当把古城的保护、建设和利用有机地结合起来。"

　　1991年3月10日下午的现场办公会议，以及后来的相关保护会议，逐渐形成了福州市加强文物保护工作的七件实事，包括抓紧修改《福州市历史文化名城保护管理条例》、完成《福州市历史文化名城保护规划》等。正是由这七件实事衍生出"四个一"以及一系列助推福州历史文化名城保护的创新之举。"四个一"指的是：成立一个局（福州市文物管理局）、一个队（福州市文物考古队）、一颗印（从1992年开始，城建项目立项时需征求文物部门意见的项目均需要加盖市文管局的印章）、一百万元（每年文物修缮经费从原八万元增为一百万元，当年开始并逐年增加）②。1995年马尾区启动马尾船政文化区保护，1998年6月中国近代海军博物馆（后改名中国船政博物馆）建成并对外开放。1996年2月，习近平同志主持市委常委会，决定收回已出让的林则徐出生地地块，对古建筑进行保护修缮，1997年6月竣工并对外

① 傅熹年. 傅熹年建筑史论文选［M］. 天津：百花文艺出版社，2009：323.
② 段金柱，郑璜. 像爱惜自己的生命一样保护好文化遗产——习近平在福建保护文化遗产纪事［N］. 福建日报，2015-01-06.

开放①。

1993年1月《福州历史文化名城保护规划》通过专家评审，其主要成果体现于1999年5月国务院批复的《福州市城市总体规划（1995～2010年）》②。1994年2月，福州市历史文化名城保护建设领导小组成立；1995年10月，福州市十届人大常委会第十九次会议，通过了《福州市历史文化名城保护条例》，1997年1月获福建省人大常委会批准施行。2008年福州市又委托同济大学国家历史文化名城保护中心、福州市规划设计研究院编制完成了《福州市历史文化名城保护规划（2012～2020）》，2014年10月，获福建省人民政府批准实施。2013年福建省人大常委会通过了修改版的《福州市历史文化名城保护条例》。

《福州市历史文化名城保护规划（2012～2020）》及《福州市历史文化名城保护条例》确立了名城保护原则、范围、内容，保护古城区的传统格局与风貌，形成文物建筑、历史文化街区、历史文化名城三个层次的保护体系，提出点、线、面、片整体保护物质文化遗产及其所承载的非物质文化遗产；划定了历史保护区，并依其存续状态、价值特征进行分级分类保护，确立了三片历史文化街区：三坊七巷历史文化街区、朱紫坊历史文化街区、上下杭历史文化街区；十三片历史文化风貌区：冶山、西湖、于山，乌山，烟台山，马尾船政等；九处历史建筑群：苍霞、马厂街、鼓岭历史别墅群等。通过"建章立制"保护城市历史文化遗产，并把历史文化名城保护纳入城市总体规划之中，让历史保护有法可依，并依法有序推进。

2006年5月，国务院公布三坊七巷和朱紫坊建筑群为第六批国家重点文物保护单位；同年7月，福州市人民政府公布《福州市三坊七巷、朱紫坊历史文化街区保护管理办法》。2007年福州市规划设计研究院、同济大学历史文化保护中心联合编制了《福州市三坊七巷历史文化街区保护规划》，2008年北京清华同衡规划设计研究院编制完成了《福州市三坊七巷历史文化街区文化遗产保护规划》。2006年12月30日，随着国家级重点文物保护单位衣锦坊水榭戏台保护修缮工程动工，开启了三坊七巷历史文化街区整体保护再生的序幕，同年11月18日，"三山两塔一楼一轴"城市空间结构格局中的屏山镇海楼重建工程开工建设，福州历史文化名城整体保护实施成为福州历届市委市政府重要的工作内容。正如习近平同志在《福州古厝》序中所指出："作为历史文化名城的领导者，既要重视经济的发展，又要重视生态环境、人文环境的保护。发展经济是领导者的重要责任，保护好古建筑，保护好传统街区，保护好文物，保护好名城，同样也是领导者的重要责任，二者同等重要。"③

---

① 阮锡桂，刘辉，戴艳梅，郑璜，段金柱，赵锦飞，张辉，吴旭涛，卞军凯，林宇熙. 在保护与传承中凝聚强大的前进定力——习近平推动文化和自然遗产保护福建纪事［N］. 福建日报，2021-08-02.
② 张天禄，福州市地方志编纂委员会. 福州市历史文化名城名镇名村志［M］. 福州：海潮摄影艺术出版社，2004：120.
③ 习近平.《福州古厝》序［N］. 福建日报，2002-05-24（010）.

　　作为福州城市历史文化保护的骨干设计机构，福州市规划设计研究院的规划设计团队从20世纪80年代末开始了名城保护规划编制。21世纪后，市政府将隶属福州市文物局的福州市古建筑设计所，划归于我院；2012年，又建立了专门从事城市历史保护与城市更新的设计机构——建筑与人居环境工作室，至此形成了涵盖保护规划、历史地段保护与更新设计、古建筑保护修缮的历史文化名城保护的完整设计团队，为福州历史文化名城整体保护与发展作出了积极贡献。

　　从20世纪80年代末福州历史文化名城保护规划编制开始，我们团队参与福州历史文化名城保护设计工作已有30余年，包括从单体建筑、历史文化街区、风貌片区、传统街巷网到历史文化名城整体保护。在保护设计过程中，我们更加坚定了福州历史文化名城整体保护与发展的信心：以历史文化街区与风貌区保护整治为核心、以老旧居住小区环境宜居度提升为基础、以历史街巷为肌理、以历史中轴线为骨架，通过整体创新保护重塑福州历史城市整体特色空间结构，并将其丰富的文化遗产重新整合成有机整体并融入当代城市空间。

古厝重生
——福州古厝保护与活化

第二章

三坊七巷历史文化街区
保护与再生

第一节　街区概况

三坊七巷历史文化街区地处福州城市中心区域，位于古城格局中轴线（八一七路）西侧，规模宏大，保存完整，规划保护面积约40公顷，其中核心保护区域28.88公顷，建设控制区域19.78公顷。

三坊七巷作为福州历史文化名城古城核心区"二山二塔二街区"传统风貌特区的重要组成部分，至今仍保留着唐末五代以来形成的鱼骨状坊巷格局，被誉为"里坊制度活化石"；街区内存续有明清时期共159处，300余落基本完好的古院落建筑，其中国家级文物保护单位15处、省市区级文物保护单位14处、未定级文物及历史建筑149处（图2-1-1），可称为

■国家级文物保护单位　■省级文物保护单位　▨市区级文物保护单位　□历史建筑

1. 林觉民、冰心故居　2. 严复故居　3. 王麒故居　4. 二梅书屋　5. 水榭戏台　6. 小黄楼
7. 郭柏荫故居　8. 欧阳氏花厅　9. 叶氏民居　10. 陈承裘故居　11. 鄢家花厅　12. 沈葆桢故居
13. 林聪彝故居　14. 刘家大院　15. 刘冠雄故居　16. 尤氏民居　17. 蓝建枢故居　18. 天后宫
19. 刘齐衔故居　20. 陈衍故居　21. 陈元凯故居　22. 新四军福州办事处旧址　23. 谢家祠

图2-1-1　主要文物建筑分布图

"明清建筑博物馆"；又因其众多的文物古迹、名人故居等，成为福州人文荟萃集中地，林则徐、沈葆桢、严复、林旭、林觉民、陈季良、林徽因、冰心、卢隐等诸多中国近现代史中的著名人物皆出于此，不愧为"一片三坊七巷，半部中国近现代史"[①]（表2-1-1）。

三坊七巷文保单位　　　　　　　　　　　　　　　　表2-1-1

全国重点文物保护单位	水榭戏台、欧阳氏民居、陈承裘故居、林觉民故居、严复故居、刘冠雄故居、二梅书屋、沈葆桢故居、鄢家花厅、叶氏民居、王麒故居、郭伯荫故居、刘家大院、林聪彝故居、小黄楼
省级文物保护单位	尤氏民居、新四军驻福州办事处旧址、谢家祠、刘齐衔故居、陈元凯故居、天后宫、陈衍故居
市级文物保护单位	"光禄吟台"摩崖题刻、琼河七桥
市级挂牌保护单位	张经故居、何振岱故居、黄任故居
区级文物保护单位	程家小院、许厝里
未定级文物及历史建筑	郑孝胥故居、蓝建枢故居、陈季良故居、董执谊故居、李馥故居、陈君耀故居、曾氏民居、杨庆琛故居、吴石故居等

一、历史溯源

1. 三坊七巷的产生与形成

有关三坊七巷的形成时间，最早可追溯至西晋永嘉年间。据史料记载："新美坊，旧黄巷。永嘉南渡，黄氏已居此。"[②]《八闽通志》亦记载："永嘉二年，中州板荡，衣冠始入闽者八族，所谓林、黄、陈、郑、詹、丘、何、胡是也。"[③]可见，早在晋永嘉年间，贵族士人聚居于子城周围，使三坊七巷雏形渐成（图2-1-2）。

唐天复年间，出于"守地养民"的目的，闽王王审知修筑罗城，将子城南部包括三坊七巷地区纳入罗城之中，其分区布局以大航桥河为界，北仍为政治中心与贵族居住地，南为平民居住区及商业经济区。同时，罗城布局秉承子城中轴对称关系，城北中轴大道两侧辟为衙署；城南中轴两边，分段围筑高墙，形成坊巷格局的居民区，此应为坊、巷之始。

1993年，省、市考古队联合普查了三坊七巷地区地下文物分布情况，并在衣锦坊西北边缘柏林坊进行探查性质的考古发掘，出土了大量唐、宋时期的生活用具瓷片和实物，印

① 杨凡. 叙事——福州历史文化名城保护的集体记忆 [M]. 福州：海峡出版发行集团，福建美术出版社，2017：41.
② （宋）梁克家. 三山志 [M]. 福州市地方志编纂委员会，整理. 福州：海风出版社，2000：39.
③ （明）黄仲昭. 八闽通志（下册）[M]. 福建省地方志编纂委员会，整理. 福州：福建人民出版社，2006：1434，1435.

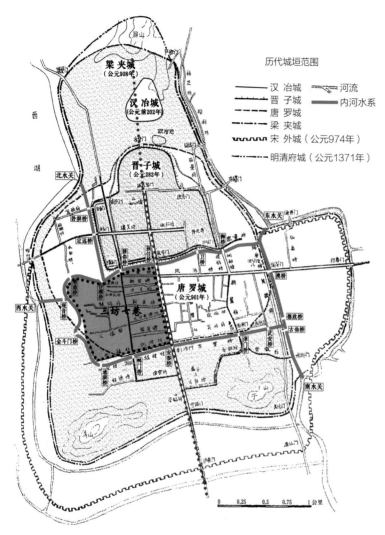

历代城垣范围

—— 汉 冶城　　～～～ 河流
—— 晋 子城　　━━ 内河水系
---- 唐 罗城
---- 梁 夹城
〰〰〰 宋 外城（公元974年）
----- 明清府城（公元1371年）

图2-1-2　历代城垣变化及城门示意图

证了上述文献的记述。以此推断，三坊七巷的源起，应是西晋末永嘉年间，历经东晋、隋、唐、五代的拓展，至宋代已经定型并沿袭至今。

2. 三坊七巷的发展历程

由于城池的不断扩建，三坊七巷已经逐步位于城市的重要位置。《三山志》中已明确地列述有三坊七巷中的"三坊六巷"[①]。同时，依据相关文献记载，在此期间，包括陆蕴、陆藻、郑穆、郑性之等众多名人也陆续迁居三坊七巷。于南宋时期，三坊七巷已经成为贵族、士大夫的聚居地，达到了发展的第一次高峰。

至明清时期，特别是晚清时期，三坊七巷达到了发展的又一个高峰。营城者在三坊七巷周边建设了圣庙、学府、抚院使署等官方建筑，其优越的地理位置与人文环境，吸引了更多的贵族、士大夫来此居住。在这种崇文尚德的氛围中，三坊七巷于此期间涌现出众多在中国近现代史中具有重要影响力的名人贤士，如甘国宝、林则徐、沈葆桢、严复、郑孝胥、林觉民等。

民国以后，由于交通方式的变化和实际生活的需求，三坊七巷的杨桥巷、吉庇巷以及光禄坊拓宽为路，并修建了通湖路，改变了三坊七巷的整体格局；南后街也逐步发展成为福州城中较为重要的商业街，杨桥路则变成了城市的一条主干道。

抗日战争、解放战争时期，福州城市包括三坊七巷遭到了不同程度的破坏，建筑破败和人口外流，使得三坊七巷街区的发展举步维艰。中华人民共和国成立后，尤其改革开放时

---

① （宋）梁克家. 三山志［M］. 福州市地方志编纂委员会，整理. 福州：海风出版社，2000：39-42.

期，历经八一七路、杨桥路及通湖路的改建拓宽，街区内各类商业、办公机构不断涌入，大量院落逐渐演变为大杂院，居住人口亦进一步密集，加之街区东北的东街口区域形成了福州城市的核心商业区，三坊七巷周边沿街商业大量集聚，街区整体肌理进一步恶化，令三坊七巷街区逐渐成为城市旧城改造的对象，保护再生工作迫在眉睫（图2-1-3~图2-1-6）。

二、保护历程

2005年，经过社会多方呼吁，福州市委市政府正式启动了三坊七巷保护修复工作；同年8月，福州市三坊七巷保护开发利用领导小组成立；12月，福州市人民政府与福建闽长置业有限公司终止三坊七巷保护改造项目合同，政府收回三坊七巷土地使用权。

2006年6月，福州市人民政府正式批复成立三坊七巷保护修复工程管委会；7月4日，

图2-1-3　南后街照片（修复前）

图2-1-4　安民巷照片（修复前）

图2-1-5　塔巷照片（修复前）

图2-1-6　衣锦坊照片（修复前）

福州市人民政府颁布《福州市三坊七巷、朱紫坊历史文化街区保护管理办法》。12月，以"保护为主，抢救第一，合理利用，加强管理"为总方针，遵循"政府主导居民参与，实体运作，渐行改善"的保护思路，开启了三坊七巷街区的保护修复工程。

2007年3月，福州市人民政府正式批复《三坊七巷历史文化街区保护规划》。8月，国家文物局正式批复《福州市三坊七巷文化遗产保护规划》。

2008年12月10日，三坊七巷管理委员会、三坊七巷保护开发有限公司举行揭牌仪式，全面统筹三坊七巷保护利用的各方面工作。

自2005年保护修复工程实施以来，持续进行了"一带、一街、三坊与七巷"的保护修复以及各级文物建筑与历史建筑的保护与修缮，同时对街区周边环境进行同步的改造提升，取得了阶段性的良好成果，并获得了广泛好评。

2009年6月10日，三坊七巷历史文化街区被国家文化部、国家文物局评为全国首批十大历史文化名街（区）；2011年设立了中国首个社区博物馆（三坊七巷社区博物馆）；2015年4月被国家文物局评为第一批中国十大历史文化名街（区）；同年9月被国家旅游局评为5A级旅游景区，并获联合国教科文组织亚太区文化遗产保护奖。

第二节　街区主要价值特征

一、福州名城的核心组成部分

三坊七巷街区北至晋子城的护城河（大航桥河）南沿（今杨桥路），南接唐罗城的护城河（安泰河），从唐末就一直处于福州城市的中心位置，是福州古城历史文化中轴线的中心段落，见证了自中原人入闽以来福州城市发展的历史进程。三坊七巷街区历经上千年的演进，沉积了丰富的文化遗产，是福州城市变迁历史的浓缩，更是城市文化辉煌发展的见证。

三坊七巷街区存续有完整的格局与风貌，更为难得的是，以三坊七巷为核心载体，以南街为中轴，加之与其邻接的朱紫坊历史文化街区和于山、乌山历史文化风貌区，共同构成了"两山两塔两街区"的传统风貌特区，是福州现有历史信息保存最为丰富、文物古迹分布最为集中和传统格局保护最为完好的区域（图2-2-1）。历史上，该区域亦展现出与其北面的鼓楼前街长期作为行政管理中心功能不同的特征，集合了生活、商贸、行政、文教等多种功能，是福州人文景观和日常生活场景的缩影，构成了福州古城区最为重要的组成部分。该区域文物古迹丰富，集中了三坊七巷、朱紫坊、文庙、乌塔、白塔、林则徐祠堂、于山大士殿等百余处国家、省、市、区级文物保护单位、众多名人故居、近现代优秀建筑及有价值的历史遗

图2-2-1 "两山两塔两街区"传统风貌特区空间结构图　　图2-2-2 "两山两塔两街区"传统风貌特区效果图

迹。特别是该区域较好保存有构成福州古城格局基本特征的"三山两塔一条街"中的"两山两塔"（于山白塔、乌山乌塔）及一街（南街），加之三坊七巷和朱紫坊两个历史文化街区，成了福州历史文化名城的核心载体，这在我国实属罕见（图2-2-2）。

二、完整而组织严谨的街区格局

"不长的路，从北至南流泻而下，右边伸出三只手，左边摊大七只脚，将三坊与七巷优雅地携在两腋，整齐工整，纵向有序，已经一千多年过去了，竟格局依旧。"[1]三坊七巷历史文化街区以南后街为中枢，串起西三坊（衣锦坊、文儒坊、光禄坊）和东七巷（杨桥巷、郎官巷、塔巷、黄巷、安民巷、宫巷、吉庇巷），而坊巷内、坊巷间以南北走向支巷相联系，进深大者坊巷（如文儒坊）又以纵横相接的巷弄再次划分巷内用地，由此形成"街——坊巷——支巷——弄"的四级街区路网系统，呈现出鱼骨状的街区格局（图2-2-3）。

街区里，坊巷纵横，宅院错落，高墙环绕，曲线流畅，门框条石质朴，门罩牌堵精致，巷口坊门秀丽，巷内白墙青瓦，巷道石板铺就，深幽雅静。虽历经千年之演进，三坊七巷至今仍较为完整地保留了唐末五代的传统格局，加之原有街巷名称沿用至今，形成了在城市中心区保留规模最大的历史文化街区，可称得上"全国少见、江南仅有"[2]，同时也为探讨我国城市中心

① 北北. 城市的守望——走过三坊七巷［M］. 福州：海潮摄影艺术出版社，2002：1.
② 黄启权，福州市地方志编纂委员会. 三坊七巷志［M］. 福州：海潮摄影艺术出版社，2009：2.

图2-2-3　三坊七巷街区格局肌理图（修复前）

区大规模历史街区的有效保护与合理利用提供了不可多得的典型案例。

　　三坊七巷街区西、南两边界为唐末罗城西、南城墙界址，其外安泰河是当时福州货运之重要航道，亦是罗城之护城河。城墙虽已无存，但护城河遗迹依然清晰存续，并存留有多座古桥，如西侧河渠上保留的馆驿桥、二桥亭桥、金斗桥等，以及南侧河道上保留的老佛殿桥（虹桥）、澳门桥、安泰桥等。这些尚存的河、桥是福州城市演变的历史实证，进一步揭示了三坊七巷街区的历史、文化价值。由此可见，三坊七巷街区实为我国里坊制街区的"活化石"。

三、独特的街巷空间

　　巷道空间是三坊七巷街区最为重要的特色之一。深宅大院毗接连绵，构筑了坊巷空间的独特氛围，东西向主巷道宽2~6米不等，两侧巷墙高度约4.5米，巷道空间曲折幽深，虽身处喧闹的城市中心商业区，却呈现出宁静、祥和、富有书香气息的坊巷氛围（图2-2-4~图2-2-7）。

　　深窄曲折变化的巷道，两侧宅院以及阔气的门头房、简素的石框木门，虚实、简繁变幻有致，构筑了连续生动的巷道界面，而联络各坊巷的南北走势的支巷，宽度仅约2米，由高耸的封火山墙构成巷弄界面，呈"一线天"景象，强化了三坊七巷文化景观的独特性。

　　河坊空间亦是三坊七巷街区重要的空间特色。安泰河本身并不宽，沿河多植榕树，历史上沿河建筑多紧贴驳岸布置，亲水性极好，追求"人家尽枕河""古榕、小桥、人家"的生活意境，而部分建筑亦采用后退驳岸的方式设置，形成一条小弄蜿蜒深入内部的住宅。自然生动的河道景观，进退有致的建筑布置，与以条石砌筑的驳岸及间隔设置的踏步码头，共同构筑了自然生动、富有诗意的河坊生活情境。

四、集中连片、极具独特秩序的古建筑群

　　三坊七巷街区内存续的明清古建筑群，其中占地面积在2000平方米以上的大宅院约20

图2-2-4　塔巷实景（修复前）　　图2-2-5　闽山巷实景（修复前）　　图2-2-6　文儒坊实景（修复前）　　图2-2-7　郎官巷实景（修复前）

余幢，并多为名人故居，如：沈葆桢故居、文儒坊尤氏民居、光禄坊刘家大院、宫巷林聪彝故居、衣锦坊欧阳氏民居等，大大提升了三坊七巷的人文价值。

此外，三坊七巷目前保存完好的建筑不乏极尽工巧的精品，大至院落规模、总体形制、建筑结构、整体风格，小至地面铺砌、门窗样式、材质色调，无不体现着福州古厝所特有的时代特征与地域特色，记述了福州别具一格的建筑语汇。其建筑质量之高，是福州人历来重视建筑的优良传统所致，反映了不同时代人们的文化理念、审美情趣和生活习尚。正如唐宋八大家之一的曾巩于其散文名篇《道山亭记》中所描述的宋代福州建筑水平的高超及其缘由："麓多杰木，而匠多良能，人以居室钜丽相矜，虽下贫，必丰其居。而佛老之徒，其宫又特盛"。①具体而言，其建筑特色主要体现在以下几个方面：

1. 适应福州潮湿闷热气候特点的建筑结构

从建筑的布局结构上讲，坊巷内民居在左右山墙上开凿的小门，便于主、附厝之间的空气流通；高敞的"厅庭一体"的厅堂，在获取良好采光的同时，还能更好地吸纳东南方吹来的凉爽气流；各厢房、披舍的雕花门户，夏可透气，冬可贴纸或镶玻璃，使建筑成为契合气候的宜居环境。这些做法，都是适应福州潮湿闷热气候特点的优良举措。

从建筑的结构用材上讲，就地挖出的泥土夯筑起高高的马鞍墙，既防火又具有良好的热工性能；掘地后形成的地穴可作为花厅中的鱼池和各功能用房地板下的防潮沟；构屋材料选用闽北林木、东南沿海的花岗石，使建筑具有极强的防潮隔热功效。

2. 体现传统宗族伦理观念的建筑布局

坊巷内民居在平面布局上大致分为大门、院落、庭园及其附属建筑三个部分。一般是将

---

① （宋）曾巩. 唐宋名家文集——曾巩集［M］. 李俊标，注译. 郑州：中州古籍出版社，2010：374.

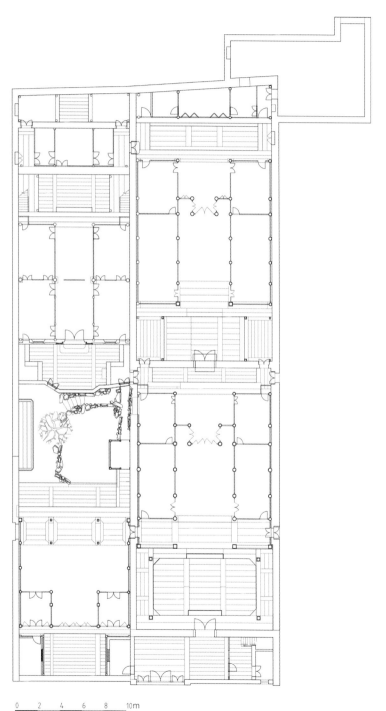

图2-2-8　刘冠雄故居平面图

大门、院落安排在一个轴线上，而每组院落第一进天井进深比第二进天井进深大，厅井相融，讲求严谨礼制，庭园及其附属建筑物安排在轴线的另一侧，灵活多变，形成既对称又变化的平面格局，同时也造就了街区整体较为统一、均质的南北纵向毗接的肌理秩序。三坊七巷传统民居布局体现了"天人合一""礼乐并重"的儒家思想，符合封建家庭长幼、内外、男女分别的伦理道德观念，具有极好的私密性（图2-2-8）。

3. 蕴含深厚艺术底蕴的建筑细部

马鞍形墙脊和鹊尾翘角，曲线流畅而富弹性。居高俯视，重重叠叠的封火墙犹如层层波浪，此起彼伏，延绵不绝，与于山、乌山的山脉融为一体，巍峨壮观，给人以独特而深刻的地域性印记。山墙面上的彩绘与灰塑，色彩斑斓，造型优雅，题材丰富，无论是表现忠孝节义的教化故事还是吉祥如意的花鸟图案，都表达了深刻的文化内涵。

建筑强调对材质的自然属性、天然质感与纹理的充分表达与发挥，讲究"天有时、地有气、材有美、工有巧"[1]，并上升到一种审美趣味，直至哲学高度。大木梁柱和大石条板粗犷、厚硕，给人以气势非凡的感受与印象。外观、大门讲究简雅低敛，厅堂门窗、隔扇则用材考究，多用楠木、檀香等珍贵木材，雕花极为精巧细

---

① （春秋）佚名. 考工记 [M]. 俞婷，编译. 南京：江苏凤凰科学技术出版社，2016：14.

图2-2-9　刘齐衔故居中落花厅

腻，与诸多梁架构件木雕及其石刻相组合，尽显其精美雅致。斗栱、月梁、悬钟、雀替等重要部件多作重点雕刻，梁架攀间雕刻一斗三升，既是承重又是装饰。此外，三坊七巷民居的"宁波门""六离门""覆龟亭"等都是具有福州地方特色的小品建筑。

4. 建筑年代的多元性

不同时期、不同风格的建筑集中于一个街区，甚至一个院落中，相互辉映，和谐共处，充满活力，体现了街区历史文化积淀的连续性与演进感。三坊七巷传统民居所具有的高雅气质、所蕴含的丰富内涵、所呈现的艺术品质，集中呈现出闽都文化的精神内核，具有极高的历史、科学、人文、艺术价值。三坊七巷也因此被誉为"江南古建筑的艺术宝库"和"明清建筑博物馆"。

五、高度摹写自然的私家古典园林

明清时代，三坊七巷已是寸土寸金，难有足够的空间构筑大型园林。因此，营建者多借助于庭井、花厅、庭园等设计微型的园林景观，讲求小而精，把"小中见大"发挥到极致，追求静观有诗情画意，动观则能日涉成趣的效果。如被称作"花厅"的庭院，通常布置一座厅堂或双层楼房，莳花植树，开掘池沼，建造假山；在池沼和假山间配置亭台、楼阁或水榭与石桥，为了节省用地，假山上的亭子不少为半边亭甚或四分之一角亭；同时，假山内布以"雪洞"，山之后墙饰山水（灰塑），通过画理的退晕，取得深远感与层次感，以获取山水画境。此类园景以黄巷38号小黄楼内的西花厅最具代表性。此外，安民巷的麒麟弄假山、塔巷的王麒故居、宫巷的林聪彝故居、郎官巷的二梅书屋、南后街的董执谊故居、文儒坊的陈承裘故居、衣锦坊的"水榭戏台"等都具特征，意趣隽永（图2-2-9）。

晚清以后，随着东西方文化的频繁交流，三坊七巷街区的宅院花厅亦浸染了近现代色彩，如出现了西式或中西合璧的花厅，以文儒坊19号花厅（陈季良故居）、郎官巷20号（严复故居）西花厅最具代表性。不同时代文化层的集合丰富了三坊七巷街区整体感知体验，并真实而客观地呈现着三坊七巷人家的不囿传统、与时俱进的精神。

第三节　保护与再生策略方法

一、树立动态的再生理念，保持街区的可持续活力

图2-3-1　林觉民、冰心故居门头房

历史文化街区处于不断演进的过程中，"保护不是要将它们固定在某一时间点，而要对它们的发展和变化加以管理"[①]。因此，保护应树立整体动态的理念，在保护中利用、在利用中保护，让历史街区成为城市活态的博物馆。

三坊七巷保护修复强调历史人物与其故居的紧密关联，开设系列主题展示馆，包括严复故居、刘家大院、冰心故居、刘冠雄故居、鄢家花厅等，让游客能够在参观名人故居建筑的同时，领略"一片三坊七巷，半部中国近现代史"的深厚人文底蕴（图2-3-1）。将部分文保单位、历史建筑修缮后作为各类非物质文化专题馆，或引入适宜的活动，以提升街区的整体文化氛围，如以南后街旧当铺（229号）作为街区美术馆，文儒坊9号作为闽菜馆，黄巷51号古民居与麒麟弄3号整合为台湾会馆。尤为值得一提的是，在三坊七巷历史文化街区的风貌协调区内，通过整合、新建，将祠堂、林文忠公祠、林春溥故居、澳门路8号等历史建筑设计组合为一体，共同作为林则徐纪念馆，极大地提升了风貌协调区的文化内涵与人文氛围（图2-3-2）。

二、强调以居住为主体的街区功能，延续里坊制文化特征

"里坊制"作为三坊七巷街区的最典型特征，代表着一种独特的居住模式和生活方式，对其的保护与延续，一是通过对历史遗存信息的保护，留住历史记忆，如文儒坊沿南后街的坊门及巷中的公约碑等；二是依循上位保护规划，明确居住为街区主体功能，保留部分原住民，通过市政消防设施等方面的完善，社区配套功能品质的提升，如花巷幼儿园整治提升，营构适宜的人居环境，满足原住民、新住户对现代城市生活的需求。街区内拥有一定规模的

---

① 国际古迹遗址理事会中国国家委员会. 中国文物古迹保护准则（2015年修订）[M]. 北京：文物出版社，2015：36.

图2-3-2　林则徐纪念馆

图2-3-3　黄巷文创空间

居住人群，才能维系坊巷的生活气息。此外，通过适当的功能置换，引入合宜的文旅业态，如黄巷的文创空间、安民巷的客栈、文儒坊的书屋等（图2-3-3），在增强街区活力的同时，保护并延续街巷内娴静、儒雅的空间氛围。

三、遵循真实性与完整性原则，凸显街区核心价值

街区的保护与再生不仅关注其信息的真实性，而且强调其信息的完整性。"历史街区是我们共同的文化遗产最为丰富和多样性的表现之一，是一代又一代的人所缔造的，是通过空间和时间来证明人类的努力和抱负的关键证据。"[1]保护历史街区时间层积的文化多样性是体现完整性与真实性保护准则的重要方面之一。

从宏观尺度而言，设计通过街巷网络完整性织补，修复历史上三坊七巷街区的传统格局；提升三坊七巷街区周边的市政交通系统性能，将南后街转变为步行街，以此串合起三坊七巷，将整个街区塑造为全步行街区；通过不协调建筑拆除更新，修复三坊七巷的格局完整性以及小巷弄的历史密集连接性。在街区屋顶肌理第五立面方面，强化三坊七巷院落南北纵向排列的均质肌理秩序，同时注重更新建筑坚持原宅基地尺度建设的原则，强调与相邻历史建筑的体量与形态协调，重塑街区第五立面的完整性与整体的独特性。从中观尺度而言，街巷尺度和走势是三坊七巷"里坊制度活化石"的重要体现，包括不同等级街巷的宽度与街巷界墙宽高比和界墙窗墙比，如黄巷巷道最宽处约6米、最窄处约3.8米，界墙高度在

---

① 来源为联合国教科文组织2011年发布的《关于城市历史景观的建议书》。

4~6米，宽高比约等于1，窗墙（虚实）比在20%左右；而闽山巷最宽处3米左右，最窄处仅1.3米，宽高比最大可达3以上，窗墙比在3%左右。尺度感是街巷空间体验感受的重要方面，不同的宽高比形塑了不同的空间体验氛围，保持其尺度特征就是守护街巷的历史特征（图2-3-4、图2-3-5）。

　　从微观尺度而言，传统材料、传统工艺及传统构造亦是形成历史街区独特性的重要构成，如刘冠雄故居青砖门楼、宫巷17号民居红砖拱券入户门、吴石故居石拱券入户门等（图2-3-6）。此外，普遍性的民居木构梁架、门窗样式、石材铺地等建筑构造细部，保护修缮皆遵循"修旧存真"的保护修缮原则，让历史信息得以真实、完整地体现出来，凸显"明清建筑博物馆"的街区核心价值。

四、以类型学为方法，探索街区保护再生新路径

　　诚如昆西所说，"'类型'这词不是指被精确复制或模仿的形象，也不是一种作为原型规则的元素……。从实际制作的角度来看，原型是一种被依样复制的物体；而类型则正好相反，人们可以根据它去构想出完全不同的作品。原型中的一切是精确和给定的，而类型中的所有部分却多少是模糊的。我们因此看到，对类型的模仿需要情感和精神。"[1]三坊七巷保护再生以类型学为思维与方法，通过对各级尺度构成元素的测绘、分析、归纳和总结，提炼出最能反映街区独特性和唯一性的类型要素，为更新地块设计和风貌协调整治提供依据和类比。

　　大尺度方面，设计通过对传统院落形式类型的分析归纳，继而深入探讨其与街区屋面肌理的逻辑关联，明晰其以南北向的多进合院式建筑为主体，厅井结合、宅院一体、中轴

图2-3-4　安民巷街巷空间（修　　图2-3-5　黄巷街巷空间（修复后）　　图2-3-6　刘冠雄故居青砖门楼（修复后）
复后）

① （意）阿尔多·罗西. 城市建筑学［M］. 黄士钧，译. 刘先觉，校. 北京：中国建筑工业出版社，2006：42.

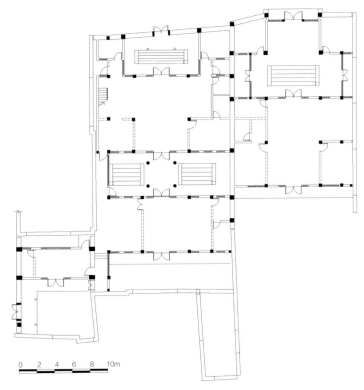

图2-3-7 文儒坊K4地块一层平面图

对称，形成了整体南北纵向的均质肌理形态。基于此，在街区核心区更新地块设计中，再生设计坚持宅基地尺度的设计原则，关注与周边传统建筑的尺度呼应，通过历史院落类型形态进行类比参照，力求还原街区第五立面肌理完整性，如文儒坊57号、K4、K5地块等（图2-3-7、图2-3-8）。

小尺度方面，设计通过对立面构成要素的分解和归纳，包括屋面、山墙、墙身、墙基、门头房等，总结提炼出最具代表性的建筑元素，在更新地块设计中进行有机组织，形构具有街区独特性的建筑立面形式，如南后街国师苑更新建筑设计，通过类型的编组，梳理出福州传统商业建筑立面类型谱系，如鱼鳞板柴栏厝建筑、外挑走马廊式建筑等构成秩序，以及传统尺度小体量建筑组织秩序，以二层建筑作

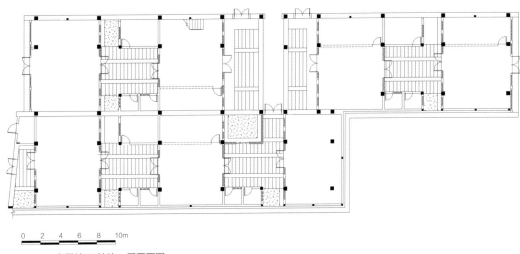

图2-3-8 文儒坊K5地块一层平面图

图2-3-9　文儒坊东端北侧节点

为控制高度，并结合地块内保留数棵高大的乔木，妥帖进行空间布局，形成院落与坊巷相融的趣味商业空间，成为南后街北段一处特色显著的休闲体验场所。

五、淡化肌理与留白，塑造街区活力场所空间

传统街区建筑密集、街巷空间紧凑局促，为适应当代生活需求，在保持其历史肌理完整性的前提下，通过对不协调建筑的整治，以淡化肌理、适度拆除不复建的留白方式，形成开放空间节点，为居民和游客提供驻足和交流的空间，是街区再生的必要举措；同时，结合各坊巷棚屋清理，形构尺度不一、富有开合变化的公共空间体系与景观节点，亦是催生街区活力重要设计工作。如在文儒坊东端北侧地块，设计结合遗存老墙，保留老树、石框门等历史要素，不再修复建筑而作为留白空间，营造活力场所空间，丰富坊巷游历体验（图2-3-9）。此外，于早题巷南段西侧，清理出一处危旧房，作为周邻住户的邻里节点空间，让夹巷人家亦有了园景居住生活方式。于黄巷与安民巷连接弄——照相弄，将原规划的公厕移位于南街建筑内，进行"留白"，设置为坊巷节点空间，并与文创聚落业态结合，形成巷弄空间中的戏剧性开敞空间，同时成为周边建筑立面的展示广场，亦是文创业态的外摆区和舞台，形成了富有地方独特性的场所空间。

六、保护非物质文化遗产，赓续街区独特的传统文化

非物质文化遗产作为街区历史底蕴的重要组成部分之一，对其保护与传承，不仅能够留住城市记忆，凸显街区价值特征，更是动态保护的重要方面。在三坊七巷南后街保护修复的过程中，充分挖掘街区历史文化内涵，结合历史上存有的不同业态的老字号，设计以不同形式的空间布局和立面形式与其相呼应，为漆艺、牛角梳、寿山石雕、字画裱褙等极具文化代表性的民间艺术，开辟特色手工业作坊，兼具展示和销售功能；此外，强调传承闽菜文化，以不同的空间尺度、形态特征予以响应。对诗词、评话、闽剧等非物质文化遗产的保护与传承，设计则强调名人故居、历史场所的修复与在地传承，如听雨斋、陈衍故居、光禄吟台园林、水榭戏台等。

七、引入多渠道的公众参与，建构"多方合力"的街区再生模式

三坊七巷保护再生注重融贯综合技术路线，强调多学科整体合力优势的人居环境科学方法建构，是集规划、建筑、文史考古、景观、营造、运行、管理等于一体的街区保护再生共同体。在政府主导下、实体运作下，充分调动原住民参与，积极吸纳各界专家与市民建议、意见，以"多方合力"的保护再生模式，使街区得以真实、完整、顺利地修复与再生，获得广泛好评（图2-3-10、图2-3-11）。

图2-3-10 安民巷街巷空间　　　　　　　　图2-3-11 古厝活化利用

图2-3-12　三坊七巷鸟瞰（许奇摄）

图2-3-13　三坊七巷组图之一

三坊七巷鸟瞰

图2-3-14 三坊七巷组图之二

南后街街景

南后街街景

南后街牌坊

南后街街景

坊巷坊门

图2-3-15 三坊七巷组图之三

宫巷景致

文儒坊景致

文儒坊景致

图2-3-16　三坊七巷组图之四

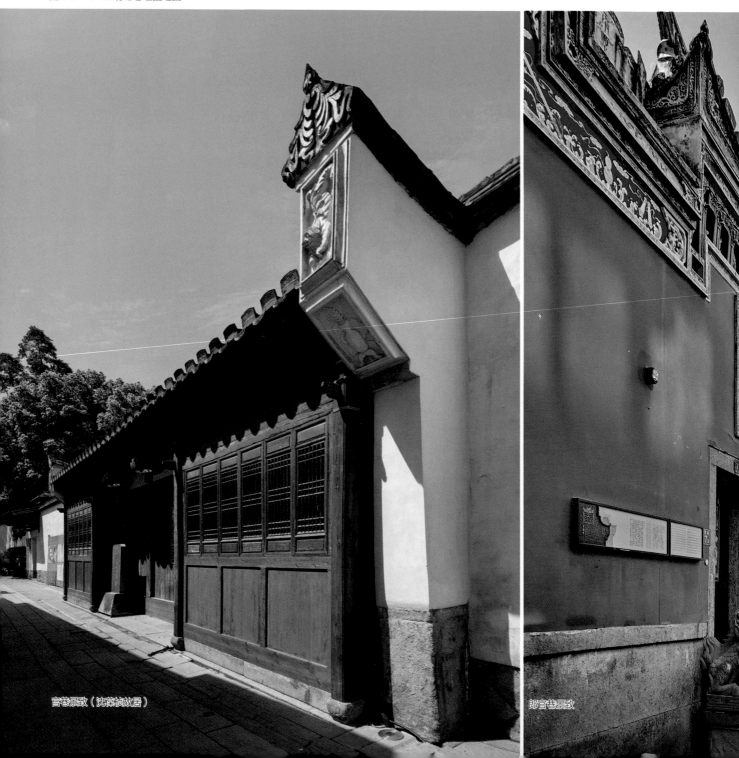

官巷景致（沈葆桢故居）

郎官巷景致

立本弄景致

图2-3-17　三坊七巷组图之五

光禄坊景致

安泰河河坊空间

图2-3-18 郭柏荫故居组图之一

主落一进主座厅堂

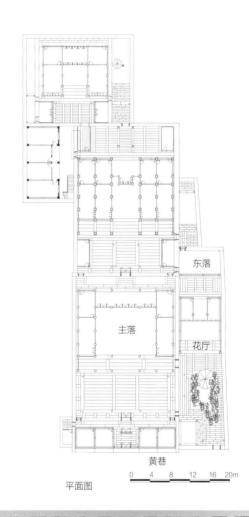

东落

主落

花厅

黄巷

0　4　8　12　16　20m

平面图

图2-3-19 郭柏荫故居组图之二

主落一进前庭井

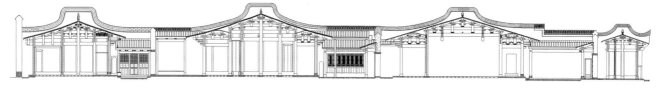

主落纵向剖面图

0　3　6　9　12　15m

主落一进主座

主落一进主座梁架

主落一进主座厅堂插屏门

图2-3-20 郭柏荫故居组图之三

主落二进前庭井

主落二进主座厅堂插屏门

主落二进主座前轩廊

花厅园林

图2-3-21　小黄楼组图之一

主落二进主座厅堂插屏门

主落一进主座前轩廊

东落一进前庭井

图2-3-22　小黄楼组图之二

主落一进前庭井

主落二进后天井

主落一进后天井

主落一进正座厅堂插屏门

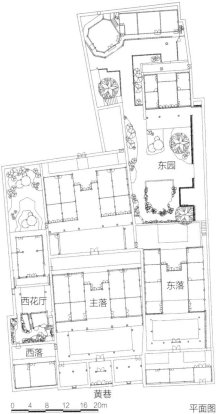

平面图

图2-3-23　小黄楼组图之三

西花厅阁楼

雪洞

亭子细部

主落一进后天井

西花厅亭廊

西花厅园林

图2-3-24 水榭戏台组图之一

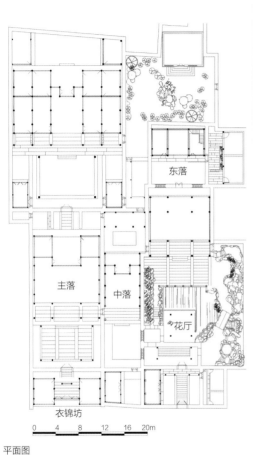

平面图

主落一进前庭井

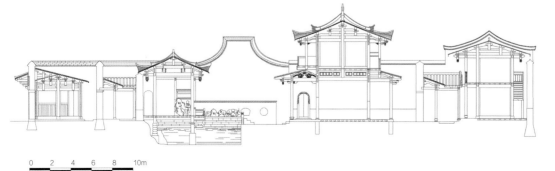

东落花厅纵向剖面图

主落二进前庭井

中落一进前天井

主落一进主座

主落一进主座厅堂

图2-3-25 水榭戏台组图之二

主落一进前庭井

花厅戏台

主落一进后天井覆龟亭

图2-3-26 严复故居

主落一进厅堂

门头房

西花厅阁楼

主落一进前庭井

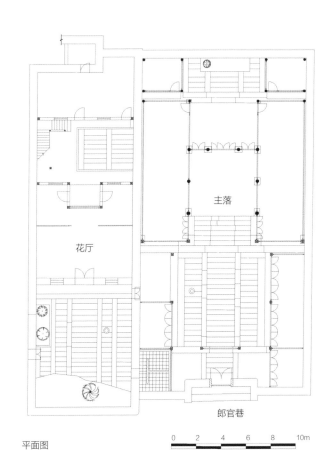

主落

花厅

郎官巷

平面图

0 2 4 6 8 10m

主落一进后厅

主落一进前庭井

图2-3-27　鄢家花厅组图之一

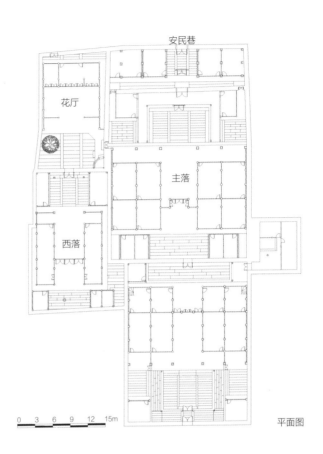

安民巷

花厅

主落

西落

0　3　6　9　12　15m

平面图

主落一进前庭井

古厝重生
——福州古厝保护与活化

图2-3-28　鄢家花厅组图之二

花厅半亭

主落一进前庭井回廊

主落一进前庭井

主落一进后天井

花厅轩廊

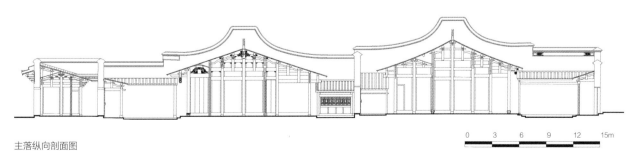

主落纵向剖面图

0　　3　　6　　9　　12　　15m

图2-3-29　林聪彝故居组图之一

主落一进前庭井

东三落-东二落纵向剖面图

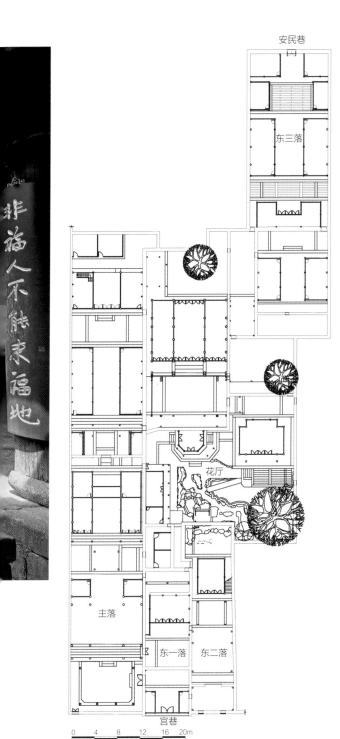

安民巷

东三落

花厅

主落

东一落 东二落

宫巷

0 4 8 12 16 20m

平面图

门头房

主落一进主座厅堂

图2-3-30 林聪彝故居组图之二

主落一进前庭井

东一落三进前庭井

图2-3-31　林聪彝故居组图之三

花厅半亭

灰塑门罩

东二落二进阁楼

灰塑门罩

主落四进后罩房

花厅园林

主落三进主座厅堂

主落二进主座后厅

主落一进后天井覆龟亭

图2-3-32　刘家大院组图之一

西落二进主座（吴飞摄）

主落一进前庭井

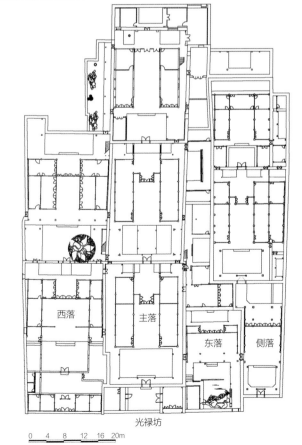

光禄坊

0　4　8　12　16　20m

平面图

图2-3-33　刘家大院组图之二

东落花厅园林

东落一进后天井

西落一进前庭井

西落一进主座前轩郎

西落一进后天井

主落二进
前庭井

梁架细部

0　3　6　9　12　15m

主落纵向剖面图

墀头细部

门窗细部

图2-3-34　蓝建枢故居组图之一

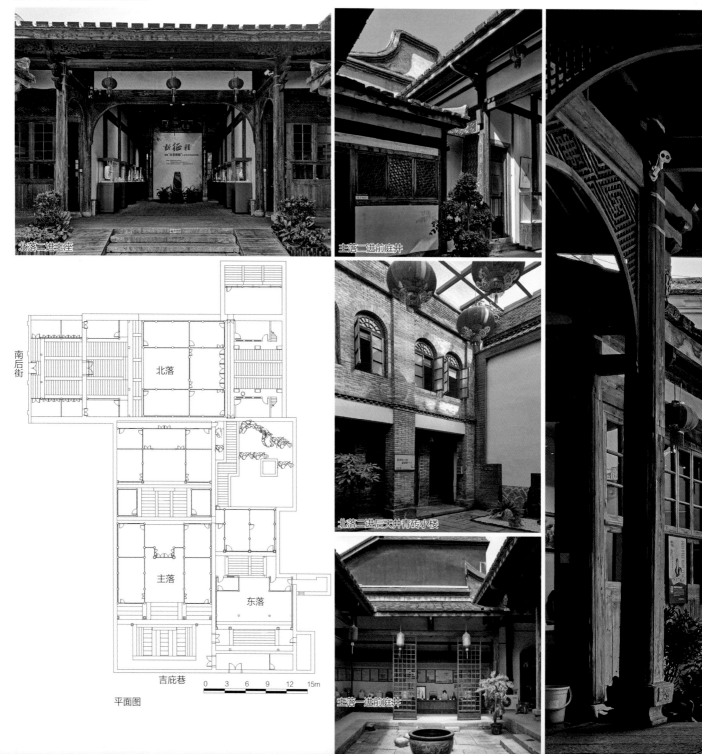

北落一进主座

主落二进前庭井

北落二进后天井青砖小楼

主落一进前庭井

南后街

北落

主落

东落

吉庇巷

0　3　6　9　12　15m

平面图

北落二进前庭井

图2-3-35 蓝建枢故居组图之二

主落二进主座

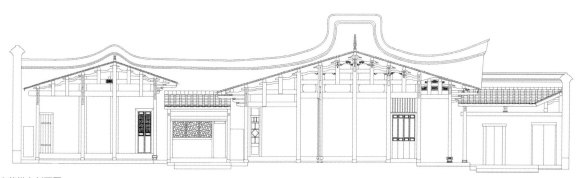

主落纵向剖面图

图2-3-36　林则徐纪念馆组图之一

沿澳门路门墙

牌楼

图2-3-37　林则徐纪念馆组图之二

仪门前内院

御碑亭前内院

御碑亭

树德堂院门

图2-3-38 林则徐纪念馆组图之三

树德堂主座

树德堂—进前庭井

纪念馆中心园林

曲尺楼园林

曲尺楼园林看跨院后天井

跨院后天井   树德堂一进前庭井

第三章

朱紫坊历史街区
保护与再生

第一节　朱紫坊简况

一、区位及概况

朱紫坊历史文化街区位于福州古城核心区，处于城市传统中轴线东侧，历史城壕安泰河南岸，与三坊七巷历史文化街区隔街相望，是福州历史文化名城的重要组成部分。街区东临法海路，西靠南街（八一七北路），南至圣庙路，北至津泰路，规划保护面积16.86公顷，其中核心保护区域6.47公顷，建筑控制区域10.39公顷。朱紫坊作为福州历史文化名城古城核心区"两山两塔两街区"传统风貌区的重要组成部分，坊内街巷格局存续较完整，存续着79处传统院落建筑，有各级文物保护单位8处，文物点及历史建筑37处，传统风貌建筑28处，其中国家级文物保护单位3处（文庙、萨氏民居、芙蓉园），省市级文物保护单位3处（方伯谦故居、陈兆锵故居、张玉哲故居），区级文物保护单位2处（朱紫坊董见龙先生祠、陈培锟故居）。其丰富的历史建筑与传统风貌建筑，构筑了较为连续完整的街区传统风貌与肌理。

朱紫坊历史文化街区以"士文化"为主体的传统街区，是古代福州文化教育机构的集中地，是绅官名儒的聚集地，又是中国近代海军将领的聚集地。其河坊一体的街巷格局及宅院一体的居住模式，是福州传统街区的代表，极具历史文化与艺术价值。

二、历史溯源

朱紫坊，旧名达善境。其始于唐末，得名于宋，成型于明清，于晚清、民国走向鼎盛，坊内街巷格局基本保持完整。

唐天复元年（公元901年），闽王王审知扩建罗城，当时的朱紫坊地处罗城南关，与罗城仅隔一条护城河（即安泰河）。蒋垣在《榕城景物考》中描述："唐天复初，为罗城南关，人烟绣错，舟楫云排，两岸酒市歌楼，箫管从柳阴榕叶中出。"[1]可见当时的繁荣景象。五代梁开平二年（公元908年）拓建夹城，朱紫坊位于夹城之内。据《三山志》记载，宋开宝七年（公元974年），刺史钱昱增筑外城，朱紫坊街区便成为城市中心区。宋《三山志》出现"朱紫坊"这一名称："朱紫坊，地名新河，旧号三桥，朱通奉敏功之居，昆仲四人，皆登仕版，通奉享年九十余，子孙繁盛，朱紫盈门，乡人因以为名。"[2]今坊内仍留有"朱紫达善境"古迹石牌坊。朱敏功上承朱敬则、下启朱倬，一门唐宋两宰相，可谓名门望族。到了南

---

① 卢美松. 朱紫名坊 [M]. 福州：福建美术出版社，2013：4.

② 梁克家. 三山志 [M]. 陈叔侗，校注. 福建省地方志编纂委员会，整理. 北京：方志出版社，2003，2.

宋，由于政治中心南移，朱紫坊成为文化教育的集中地，宋时建有孔庙。随着城池的不断扩大，至明、清时期，特别是清代中叶以后，朱紫坊发展达到鼎盛，街巷格局形成，现存大量的优秀建筑都是在明清时期建成的。明时有"一峰书院"，清设"提督福建学院署"，福州府、闽县、侯官县纷纷在此及周边建孔庙、府学、县学及学者文人乡贤纪念祠等。清末至民国，在朱紫坊内居住的有郑大谟、萨镇冰、方伯谦、萨师俊、方莹、陈兆锵、李世甲、张日章、何公敢、张玉哲等中国近现代史上有一定影响的人物①。

三、建筑特征

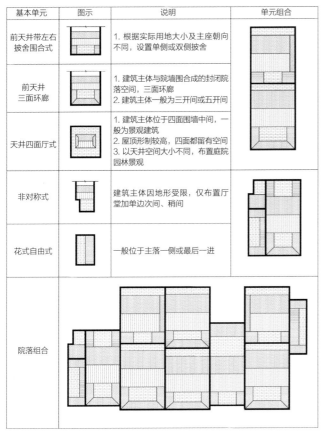

基本单元	图示	说明	单元组合
前天井带左右披舍围合式		1. 根据实际用地大小及主座朝向不同，设置单侧或双侧披舍	
前天井三面环廊		1. 建筑主体与院墙围合成的封闭院落空间，三面环廊 2. 建筑主体一般为三开间或五开间	
天井四面厅式		1. 建筑主体位于四面围墙中间，一般为景观建筑 2. 屋顶形制较高，四面都留有空间 3. 以天井空间大小不同，布置庭院园林景观	
非对称式		建筑主体因地形受限，仅布置厅堂加单边次间、稍间	
花式自由式		一般位于主落一侧或最后一进	
院落组合			

图3-1-1 建筑院落类型学归纳

街区内传统民居建筑类型主要为传统院落式以及临街巷的民国砖木结构建筑与柴栏厝建筑。传统院落式民居主要为明清时期建筑，其平面肌理以"落"为单位垂直于安泰河并置排列组合，一户少至一落，多者达三落；多落建筑主次分明，其中主落的布局形式严谨、轴线对称，而侧落既有轴线对称式，又有布局较为灵活的花厅园林式，落与落间通常以高耸的马鞍形封火墙分隔（图3-1-1）。"落"由数进基本单元——合院，沿纵向层层递进串联组合而成。合院的形式主要有两种，一是四面封火山墙围合的合院，设有前后天井，天井的左右两侧置披舍或游廊，前后进院通过开设在院墙上的石框门进行联通，有些院落在天井中轴上建覆龟亭联系后进院。第二种类型是前后进合院间不设封火墙的合院形式，形成更大尺度的四合院式布局。传统院落式民居通常在中轴线上开门联系内外或前后进院落，在侧墙上开门洞连通左右落。规模较大的宅院于正落大门设门头房，而一般建筑仅于前院墙上开石框门，石框门上方加设木披檐门罩。合院中的主座多为

---

① 卢美松. 朱紫名坊 [M]. 福州: 福建美术出版社，2013: 94-95.

单层的穿斗式木构架双坡顶建筑，部分建筑的厅堂梁架采用减金柱与中柱扛梁造，厅堂以插屏门（太师壁）（图3-1-2）分隔为前后厅，前厅开敞与前庭井融贯为一体，空间阔朗敞亮；屋面举折形成曲线双坡，两侧围以马鞍式封火山墙。为了方便前后进联系，有些宅院会在主体建筑与两侧山墙间留出一条约1米宽的暗弄，形成悬山式屋顶加封火墙的形式。木构件的细节构件，如斗栱、雀替以及门窗格扇等皆雕刻精致、图案丰富、用料讲究，极富地方传统特色（图3-1-3、图3-1-4）。传统院落式民居的外观以连续高大的封火墙为主，石框门、木门罩与墀头牌堵门头房点缀其中。

街区内还有部分院落在清末、民国时期遭改建，出现了二层民国中西合璧式的木构阁楼建筑、青砖外墙建筑等，如清代与民国风格相结合的陈兆锵故居、郑大谟故居等，形构了朱紫坊传统院落建筑的多样性。朱紫坊街区传统院落式民居的屋顶肌理类同于三坊七巷街区，亦富有特征和秩序感，除了园林花厅建筑和部分经后期改造的建筑外，街区的第五立面肌理以垂直于安泰河的南北向曲线双坡屋顶为主导，天井间缀其中，屋顶为实，庭井为虚，以实为主，虚实相间，加之两侧曲线优美、富有韵律动感的马鞍式封火墙连续起伏，构成了朱紫坊街区独特的第五立面特征。

图3-1-2 朱紫坊传统建筑插屏门样式

图3-1-3 朱紫坊传统建筑木门窗格扇样式

图3-1-4　朱紫坊传统建筑木构件细节

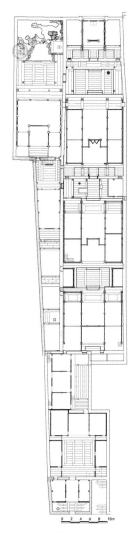

图3-1-5　萨氏民居平面图

1. 萨家大院

萨家大院位于朱紫坊河坊西段22号，始建于明代，现存续的建筑为萨兰芬在清同治十一年（1872年）购置并改建的，为全国重点文物保护单位。建筑坐南朝北，前临安泰河，后至学院后巷，由东、西两落共五进合院组成；用地呈北宽南窄之状，总面宽23.3米、进深达103米，占地面积约2080平方米。

东落为主落，沿河坊设置有三开间门头房，中为门厅，两侧为倒朝房。建筑外立面以粉墙为主，仅单开间的木质门头房外露，两侧马头墙高耸，墀头牌堵上的灰塑生动，存续完好。一进院前天井三面环廊，进深5.2米、面宽8.5米，西侧游廊侧墙设小门通西落花厅。其主座面阔三间，进深七柱，为穿斗式木构架，屋展双坡曲线，两侧马鞍式山墙围合，厅堂用插屏门分隔前后厅。二进与三进院间无封火墙分隔，为四合院布局形式；各主座面阔均三间，进深七柱，为穿斗式木构架双坡顶，前后天井两旁皆设有披舍。第四进与前三进的布局不同，坐西朝东，主体建筑为面阔三间的双层木构藏书楼，其西侧仅为南北向狭窄的小天井。第五进院坐北朝南，主座面阔三间，进深五柱，曾为家中子弟读书的场所。西落花厅园林坐南朝北，主体建筑面阔三间，进深七柱，厅前有一口鱼池，池北贴墙以石叠山，形塑东高西低的两个平台。假山下方藏有雪洞，以狭弄相连。园中植有白玉兰、梧桐，假山、池水与花厅错落掩映于其间（图3-1-5）。

2. 方伯谦故居

方伯谦故居位于朱紫坊河沿东段48号，始建于清初，现存建筑是方伯谦担任济远舰管带时斥资购得并重建。建筑前临安泰河，南通文昌弄，坐南朝北，为单落三进院带花厅的院落，花厅位于二、三进院落的东侧；各进院均以封火墙围合，总占地面积1750平方米。2005年，方伯谦故居被列为福建省第六批省级文物保护单位。

建筑临安泰河墘设有一堵高3米、长13米的粉墙照壁，顶部墙帽正脊两端飞扬起翘，洋溢着生机。照壁正对的门头房采用"明三暗五"的倒朝式布局形式，外立面仅为单开间门头房，两侧墀头昂扬；门厅两侧为厢房，厅后院墙中设石框门，入

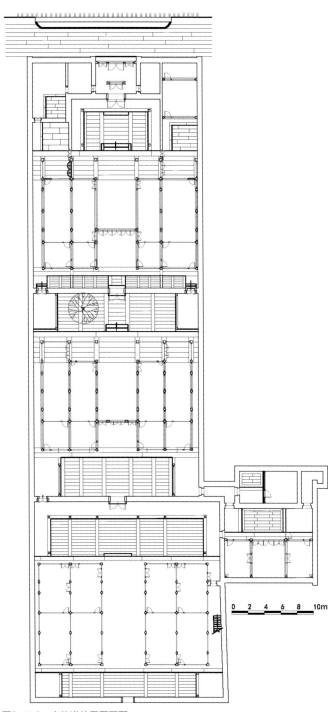

图3-1-6 方伯谦故居平面图

内即三面环廊的一进天井。一进院主座为福州典型的"明三暗五"布局，厅堂实际面阔五间，进深七柱，由于两侧尽间被天井院墙分隔，因而只呈现出三开间的视觉效果。二进院前后天井两侧均设披舍，主座面阔三间，进深七柱，厅堂中设插屏门分隔前后厅，屋面曲线双坡，两侧以马鞍式高大山墙围合。二进后天井东侧的院墙上开门洞，通过一条宽度仅为1.2米的通道（火墙弄）连接东侧花厅。花厅中的园林造景现已不存，改为住房使用。第三进主座为阁楼式双层木构双坡顶建筑（图3-1-6）。

3. 陈兆锵故居

陈兆锵是中国近代海军宿将、"福州海军飞潜学校"的创办人和中国第一架水上飞机的设计者、制造者之一，其在朱紫坊内有两处宅院，一处是位于朱紫坊河沿东侧的47号宅院，为其祖居；另一处在法海路与花园路交汇处。位于法海路的宅院始建于清乾隆年间，1921年前后由陈兆锵购得并进行改建。建筑坐北向南，东、中、西三落毗接，四面封火墙围合。建筑除有传统曲线双坡顶的穿斗式木构架建筑外，还有西式风格的阁楼与青砖外墙建筑，总占地面积约2800平方米，为当时法海路上规模最大的建筑，现活化利用为福建省工艺美术博览园。

故居东落为主落，前后共两进院，平面为典型的四合院布局形式。由东南角的小院入户折西过石框门为首进院。首进天井阔朗，面阔9米、进深7米，三面环廊；二进院前后天井两侧置有披舍，主座面阔三间，进深五柱，两进都在厅堂轩廊西侧开小门联通中落。中落为园林花厅，前后共三进；一进院于中轴上开石框门通法海路，前庭井三面环廊，主座为开敞式花厅，面阔三间，进深五柱。二进前庭为一方形院，东西两侧设游廊，主座为五间排，面阔20.8米，为二层带外廊木阁楼。小楼外廊用方木条与竹编在柱间弯曲编织形成拱券，立面呈现中西合璧风格，别具一格。第三进紧贴西北院墙建有L形平面的民国二层青砖楼，东侧花园阔朗，面阔12米、进深13米。西侧落为单进四合院形式，沿法海路开石框门，主座面阔三间，进深五柱，后天井两侧设披舍，西北院墙开门通花园弄。陈兆锵法海路故居中西风格兼容，建筑空间变化丰富，体验感知趣味横生，是朱紫坊街区住宅群与时俱进精神的折射。

4. 郑大谟故居

郑大谟故居位于安泰河沿中段30号，始建于明末，清康熙、道光年间均有重修；中华人民共和国成立后曾作为鼓楼区房管局的办公场所，现经修缮活化利用为基金港运营服务平台使用。建筑坐南朝北，为单落院，现仅存二进，四面封火墙围合，占地面积800平方米。故居沿安泰河墈原建有三开间的倒朝式门头房，现已不存。门头房旧址西侧后期加建有一栋二层的砖混小楼，东侧场地在修缮中做"留白"处理，作为河沿的休憩节点空间。入石框大门为一进庭院，天井大条石铺地、三面环廊；主座面阔五间总面宽达21.3米，进深七柱，空间轩昂，厅堂明间为减金柱扛梁造，屋顶曲线双坡，两侧为马鞍式山墙。前后进间不设封火墙，以覆龟亭（风雨廊）连接；第二进的主座及天井两侧的披舍均被改建为二层走马廊式建筑。

5. 芙蓉园

芙蓉园位于朱紫坊河沿中段，始建于宋代，为福州四大私家园林之首。原为南宋参知政事陈韡的"芙蓉别馆"，明代为叶向高的府邸，清为藩司龚易图所有，修葺后开辟为"芙蓉别岛"[①]，是福州现存规模最大的私家古典园林。2006年芙蓉园被列为全国重点文物保护单位，现作为福州漆艺博物馆展示开放。

现存续建筑自西而东共三落毗接而成，占地面积3660平方米。西落与中落坐南朝北，从安泰河河墈直通花园弄，前后各四进，总进深94米；东落仅余两进，坐北朝南，大门开向花园弄。西落北向前三进、中落北向第一进及东落为芙蓉园的居住部分。中落南向三进联通，西落第四进皆为园林部分。西落沿朱紫坊河沿入户（也为现今沈绍安漆艺研究院的主入口），一、二进间无封火墙，以插屏门分隔前后厅，为四合院形式布局。第三进为独立院落，四面封火墙围合，坐北朝南，主座为二层的木构藏书楼；于后天井南侧院墙中轴及左右两端开门通第四进花园。中落沿朱紫坊河沿拆除后期搭建建筑，复建三开间的门头房，于后天井南墙西端设门联通芙蓉别岛（后花园）。

芙蓉别岛位于中落第二进，因园中山石间遍植芙蓉而得名。芙蓉别岛的园林营造以嶙峋山石为胜，倚东墙与南墙叠石成山，山势延绵起伏，下藏曲折雪洞，假山东南端顶部与院墙

---

① 杨凡. 叙事：福州历史文化名城保护的集体记忆［M］. 福州：福建美术出版社，2017：162.

交接处建有角亭，西南端墙角建有三层的亭阁，称"枬仙亭"，亭下南墙联通第三进院花厅"月宫"；庭井中存续有一株高大古荔枝树，相传为叶向高亲手所植。第四进武陵园横跨中西两落，占地面积650平方米，园中西北倚水而筑有面阔三间、进深四柱的水榭花厅，东南亦建一座与之呼应的水榭，南北两岸以曲尺廊桥相连，并划分出左右两个园景。东、西、南三面叠石为山。芙蓉园内以一纵（芙蓉别岛）、一横（武陵园）两个园林，加之夹杂其间的月宫花厅，三者似分实合连贯为整体，移步异景，是为最富福州地方特色的园林精品。

第二节　朱紫坊的主要特征价值

一、福州历史文化名城的核心组成部分

三坊七巷和朱紫坊建筑群整体被列为国家重点文物保护单位，是福州历史文化名城古城核心区"两山两塔两街区"传统风貌区的重要组成部分，是研究福州古代城市建设演变的活化石。

朱紫坊历史文化街区内具有深厚的历史积淀，含有非常丰富的物质文化遗产：保存较为完整的街区整体、自唐代至清代以来形成的"河坊一体"的坊巷格局、完整的古建筑群（包含各级文保单位、历史建筑及传统风貌建筑）、曾为护城河的安泰河及因三桥之名的古桥（宛转桥即广河桥、福枝桥、安泰桥即利涉桥）、具有地方特色的各种历史环境要素（神龛、门楼、古井、古树等），丰富的物质文化遗产和多样的非物质文化遗产，共同构成了富有深厚文化内涵的历史街区环境。

街区内街巷格局及走向大部分保存完好，如花园弄、府学里、芙蓉弄、文昌弄、学院前、福涧街、学院后巷等，整体基本保留了明清时期的坊巷格局。街巷风貌保存较好，涵盖了保存较为完好的明、清、民国等多个时代的民居古建筑；此外还保留了明清沿河商业的建筑形式。可贵的是，不同于三坊七巷历史文化街区民居建筑，朱紫坊街区内的民居保留着乌烟灰外墙的传统，更显现出福州古城的传统民居特征。

朱紫坊内明清及民国建筑本身包括其建筑细部造型优美，梁、柱、门、窗、隔扇等木刻精美，图案考究，题材丰富，具有隽永的审美意韵和较高的艺术与研究价值；芙蓉园等园林设计巧妙、布局独特，是福州古代园林式建筑的典范，具有极高的艺术价值和文化价值。

二、河坊一体的园林式街区

朱紫坊历史文化街区经历千年的演进，积淀了丰富的历史信息，是福州城市历史街巷与

水系网络遗产的重要承载地。从最早的商贸繁盛之地逐渐转化为以居住功能为主体的街区。

朱紫坊河沿是街区的空间枢纽，北邻安泰河，坊南以传统院落式大厝为主导类型的居住建筑密集排列。依托安泰河特有的景观资源，形成了河坊一体的坊巷格局是朱紫坊街区最具鲜明个性的价值特征。不同于三坊七巷历史街区鱼骨状规整的肌理，朱紫坊街区各分支巷道尺度相近，巷道尺度相对较小，走势自然灵动，内部联系细密。朱紫坊街区以东西向的朱紫坊河沿通道为主导，自北往南连续分裂，巷弄数量递增，巷道走向变化越来越丰富，形成了河-坊-巷-弄清晰的等级序列，街巷主次分明，巷弄曲折灵动，尺度宜人（图3-2-1、图3-2-2）。因此，整个街区南侧建筑比北侧建筑体量小、变化更加灵活。

街区内有相互连通的街巷九条：朱紫坊、花园巷、朱紫坊支弄、花园弄、府学弄、府学里、芙蓉弄、学院前路及福涧街，历史尺度的街巷，独特的马鞍式山墙景观，让游历其间的人群均能强烈感受其独有的历史文化气息（图3-2-3~图3-2-5）。

朱紫坊的历史建筑存续集中连续，主要以院落式大厝为主，建筑年代大致分为明代、清代、民国时期，以明清两代建筑居多，多进院组成多落式连片复杂的院落式大厝集群，建筑多呈南北向，院落与院落之间又以封火山墙分隔，分布有序，极具整体律动感。因街区更富园林意境，造就了更为多样的院落形态与屋顶肌理，总体反映出虚实有序变化的同时，又不乏大开大合的生动感。

三、宅园一体的居住模式

宅园一体式传统民居，即私家园林依附于邸宅，与住宅建筑紧密结合，或融于宅院或自成

图3-2-1　安泰河河墘修复前　　　　　　　　　　　　　　　　图3-2-2　花园巷修复前

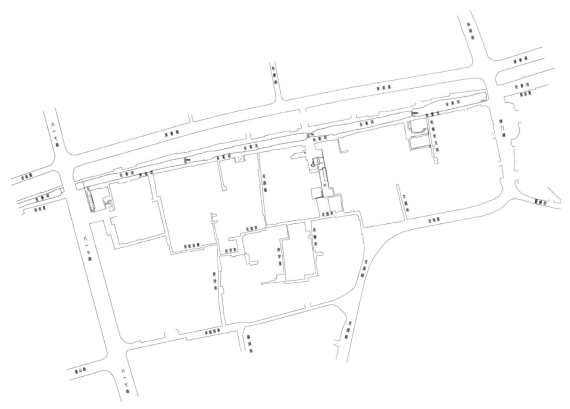

图3-2-3 朱紫坊街区传统巷弄格局图

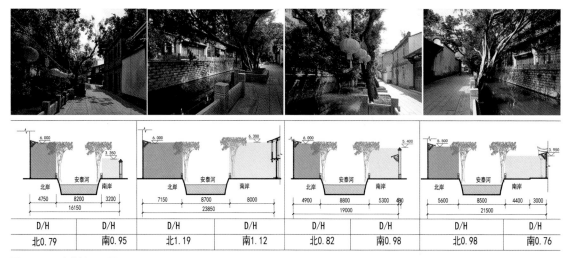

图3-2-4 朱紫坊D/H图示

图3-2-5　花园巷D/H图示

一体。朱紫坊街区内的园林花厅是传统院落式民居的重要组成部分，其既具有中国古典园林的基本特征，又富福州地域特性。花厅园林的平面布局自由灵动，或占据宅院的一进或数进，或仅一小合院，占地面积虽小，但园林营造的基本要素——山、水、建筑、绿植一应俱全，总体表现出小巧、精致的特质。由于空间有限，朱紫坊花厅园林的营造在筑山、理水、配植和建筑构筑方面都有独特的处理方式，"小中见大"是重要的造园理念。园中的假山通常贴墙而筑，用嶙峋的块石堆叠成山，上部为登高平台，下面藏有雪洞，假山前池水环绕，并以山石为岸，贴墙假山石上方多以壁塑呈现远景，池水、假山与壁塑浑然一体。在植物配置方面，仅以孤株高大的乔木作主景，点缀少量灌木地被，惜墨如金，以少胜多，亦营造出诗意般的山水园情境。园中的建筑以花厅为主体，布置在园地一侧，直面对侧的山水景致，其间点缀以桥、亭等园林小品。园林中的亭多使用缩小了尺度的半亭或角亭，以小衬大，拓展了有限园林空间的阔朗感。

四、士人街区，古代文化教育机构的集中地

朱紫坊因宋代通奉大夫朱敏功居此，兄弟四人皆中仕榜，朱紫盈门而得名。坊内还有南宋参知政事陈韡的别业、明东阁大学士、首辅叶向高的故居；有宋理学家朱熹的女婿黄勉斋、学生陈北山、明末爱国学者董见龙的纪念祠；有清康熙年间翰林叶观国故居和明代名士郑堂、林则徐岳父郑大谟、民国福建学院院长何公敢、民国福建省府代主席陈培焜、前厦门大学校长萨本栋、著名天文家、前紫金山天文台长张钰哲等名人的故居。得天独厚的地理环境和丰富的历史文化底蕴共同造就了人文荟萃的朱紫坊。

清同治五年（1866年），闽浙总督左宗棠与沈葆桢在福州马尾创建了福建船政学堂，培养了一批优秀的中国近代工业技术人才和杰出的海军将士。从船政学堂走出来的众多海军将领，如萨镇冰、方伯谦等均曾居住在朱紫坊街区，他们曾先后活跃在近代中国的军事、文化、科技、外交、经济等各个领域，引进西方先进科技、传播中西文化，促进了中国近代化的进程。

沿安泰河从西往东500米长的巷道里就有数位海军将领在此生活，其中有民国海军总长萨镇冰；"中山舰"舰长萨师俊；清北洋水师"济远"舰管带、中军副将方伯谦；民国第一舰队司令、中华人民共和国成立后海军第六舰队副司令员方莹；民国江南造船所所长、福州船政局局长、中将陈兆锵；民国海军第一布雷总队部总队长、代将张日章；福建船政学堂艺

术学院院长黄聚华；海军少将沈笋玉、李世甲等。①因此，朱紫坊历史文化街区又称为近代海军将领的聚集地。

朱紫坊历史文化街区也是古代文化教育机构的集中地。唐代起，建立州学、县学、庙学、试院；五代王审知设四学；宋代建有孔庙；明代建一峰书院；太平天国将全市文化中心设于孔庙；清代设提督福建学院署。历史上，整个街区及邻近有三座孔庙、三座学宫、两座县衙、一处省级学院提督署。坊巷内至今保留着府学弄、府学里、圣庙路等历史街巷名称，是为佐证。

第三节　朱紫坊古厝保护与活化

一、从街区尺度到建筑细节尺度的整体保护

保护修复朱紫坊街区肌理，再造其具有动感和强烈韵律感的第五立面特征，并与三坊七巷、乌山、乌塔、于山、白塔共构"两山两塔两街区"传统风貌片区。修缮重要文物点及历史建筑，如：芙蓉园、陈兆锵故居、郑大谟故居、方伯谦故居、李氏民居、林氏花厅等；保护武陵园旧址，对地段已有的历史资源和特色，给予严格揭示与保护；妥帖植入现代功能和设施的同时保护其整体真实的历史特色风貌。

设计充分还原街区空间的独特多样性以及短街巷多拐角的人性化街区特征；在充分把握街区固有特征的基础上，创新保护理论，强化其园居生活特征，以区别于三坊七巷街区的里坊制格局（图3-3-1、图3-3-2）。

发掘地段历史地理信息，结合沿河岸建筑的存续特征，引入活力休闲业态，重塑古时地处唐罗城壕边"河街桥市"的繁华商业特质，并与北岸津泰路商业街区相呼应，共塑安泰河两岸汇聚历史与时尚的特色河坊街。

注重历史建筑与环境要素保护。保护地段内的特征历史要素，保持历史信息的真实性及完整性。对特征显著的老墙等环境要素原汁原味保持，保护有岁月价值的"古锈"（如方伯谦故居前的影壁残墙等），重塑沿水岸建筑立面整体高低、虚实有序的生动场景（图3-3-3）。

二、街区文脉传承与活化利用

在"存真"的前提下，对建筑遗产及历史环境进行富有创意的活化与可持续再生。保留

① 卢美松. 朱紫名坊 [M]. 福州：福建美术出版社，2013：95-99.

图3-3-1　朱紫坊肌理图（梳理前）　　　　　　　　　　图3-3-2　朱紫坊肌理图（梳理后）

图3-3-3　朱紫坊"河坊一体"设计效果图

街区原有的园居生活方式与文化习俗，有机更新不协调的建筑，修复并强化街区独特性。运用可逆性的方法进行存续建筑的活化利用，采用"城市针灸"的"绣花"功夫，为古老街区注入新的活力（图3-3-4）。

　　强调街区功能的多元活力，遵循"小规模、渐进式、微循环"的原则，对历史建筑进行创新性活化和可持续再生，最大可能地保留旧有的完整格局与风貌；引导历史文化街区的有机更新，将非物质文化、园居文化融入社区营造，如陈兆锵故居主落活化利用为福建省工艺美术博览园，西侧落活化利用为茶舍等；芙蓉园在修缮后创新性引入另一项国宝——福州脱

图3-3-4　朱紫坊存真及微循环设计效果图

胎漆器（沈绍安首创的福州脱胎漆器髹饰技艺于2006年入选第一批国家级非物质文化遗产名录），作为沈绍安漆艺研究院，在芙蓉园内开辟漆艺展馆、漆艺传承馆等功能，在感知福州传统园林建筑的同时，也能体会非遗传承的魅力。

　　朱紫坊历史文化街区保护与活化利用除了注重从规划到细节保护设计的公众参与，更加强调保护再生设计与运营业态的结合，为街区持续的独特文化创造提供新动力。如将各类小型院落建筑再利用，设计强调传统文化与园居生活结合，并注重当代生活方式的表达，如引入"自古琴院""榕引山居""漆美""兰园"等文化业态，植入台创工坊、海峡儿童艺文空间、汉食汇等活力空间，增强街区园居生活氛围。

三、街区人居环境改善

　　对重要地段的不协调环境进行综合整治，以期与街区整体氛围相协调；为满足街区内原住民对高品质生活的需求，完善社区公共服务配套，改善社区生活质量，恢复往日朱紫坊清幽雅致的社区氛围；对安泰河沿岸其他不协调的现代建筑物进行降层改造处理，再造传统街巷的宜人尺度。

　　采取适宜的建筑改造利用措施。对中华人民共和国成立后的各类建筑尽可能保持其立面的时代性特征，保护建筑文化层的连续性，不强求风格的统一性。而对高大不协调的建筑，

图3-3-5 武陵园旧址留白节点设计效果图

设计采用降层改造处理，或拆除"留白"，作为街区公共空间节点；并利用为消防车回车场，建构起街区消防安全保障设施体系（图3-3-5）。

为修复朱紫坊周边老旧社区与历史街区间的隔阂，设计提出了"社区-街区"融合发展的理念。在社区建筑立面与景观改造中融合街区历史风貌，通过街区活力提升以及住宅底商新业态的植入，重塑其繁华安泰河河坊街市的历史场景。在社区更新的基础上，以安泰河为纽带编织起社区与街的连接网络，使历史文化保护与传承融入社区居民的日常生活。同时，依托历史街的经济活力，盘活社区及居民的闲置资产，提供就业机会，从根本上带动了社区居民的收入增长。从环境、文化、经济等多个层面，提高百姓的生活质量与幸福指数。

图3-3-6　朱紫坊街区鸟瞰

图3-3-7 安泰河河墘街景

安泰河河墘景致（广河桥东则）

花园巷实景

安泰河河墘（达善境桥东则）

图3-3-8 芙蓉园组图之一

伤心丘垄地得归桑梓即蓬莱

微寒轩

芙蓉园西落二进前庭

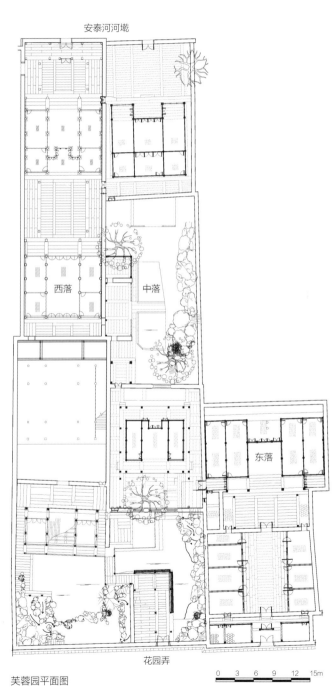

安泰河河墘

西落

中落

东落

花园弄

0 3 6 9 12 15m

芙蓉园平面图

图3-3-9 芙蓉园组图之二

芙蓉园东落院门（沿花园弄）

芙蓉园西落一进前庭

芙蓉园西落三进藏书阁南院

芙蓉园西落三进藏书楼北院

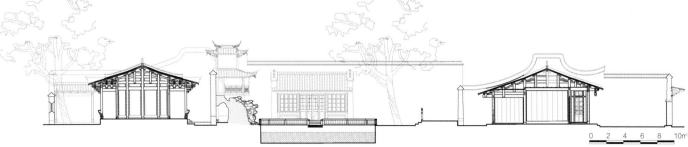

芙蓉园中落纵向剖面

0 2 4 6 8 10m

芙蓉园中落花厅与北侧院墙

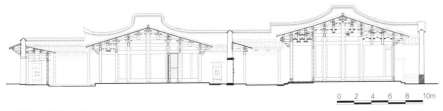

芙蓉园东落纵向剖面

0　2　4　6　8　10m

图3-3-10　芙蓉园组图之三

芙蓉园西落四进花厅

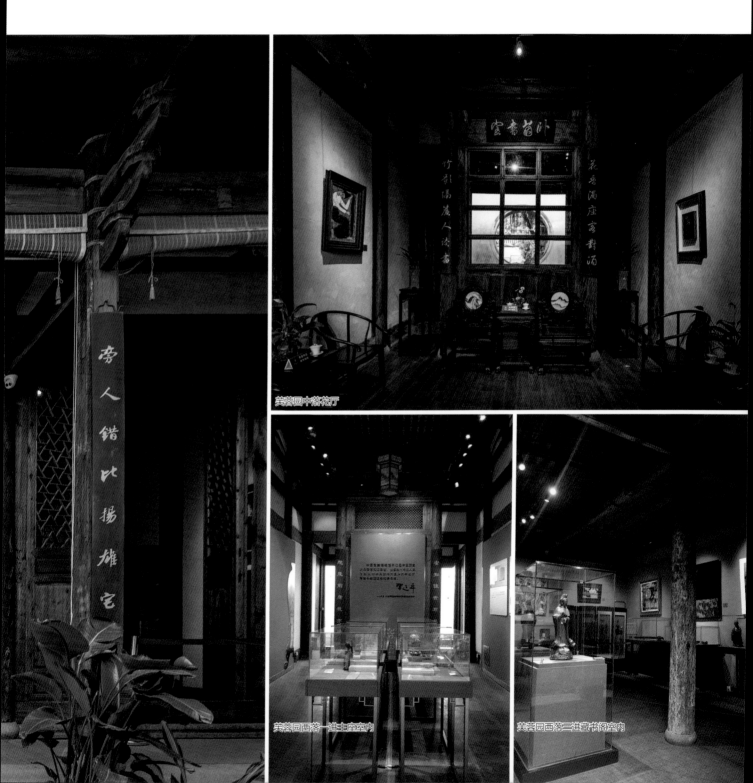

芙蓉园中落花厅

芙蓉园西落一进主座室内

芙蓉园西落二进藏书阁室内

图3-3-11 芙蓉园组图之四

芙蓉园中落"芙蓉别岛"

芙蓉园中落前花园

芙蓉园西落水榭花厅与曲尺游廊

图3-3-12 芙蓉园组图之五

芙蓉园西落水榭花厅与曲尺游廊

芙蓉园西落前花园鸟瞰

芙蓉园中落后花园羿仙亭

芙蓉园中落院墙圆洞透景

图3-3-13 陈兆锵故居组图之一

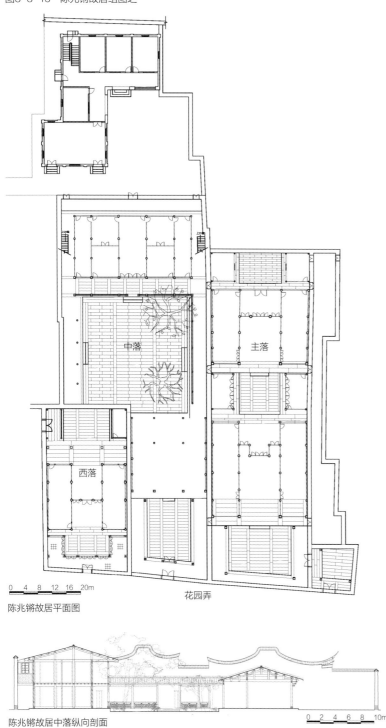

陈兆锵故居平面图

花园弄

陈兆锵故居中落纵向剖面

陈兆锵故居主落二进前庭

陈兆锵故居主落院门（沿法海路）

陈兆锵故居主落一进前庭

陈兆锵故居中落花厅游廊

图3-3-14　陈兆锵故居组图之二

陈兆锵故居中落花厅

陈兆锵故居中落花厅游廊

陈兆锵故居中落一进前庭

图3-3-15 郑大谟故居

郑大谟故居一进前庭

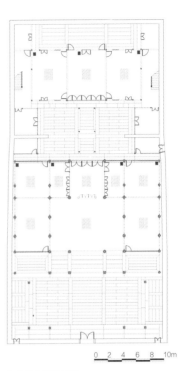

郑大谟故居平面图

郑大谟故居纵向剖面

郑大谟故居一进主座室内

图3-3-16　朱紫坊11号

朱紫坊11号一进前庭

朱紫坊43号庭院

花园弄48号院门（沿花园弄）

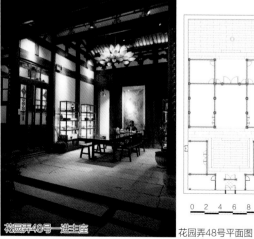

花园弄48号一进主座

0　2　4　6　8　10m

花园弄48号平面图

图3-3-17 朱紫坊31号

朱紫坊31号主座室内

朱紫坊31号宅门
（沿安泰河河墘）

花园弄60号院门（沿花园弄）

花园弄60号主座室内

图3-3-18　朱紫坊26号

朱紫坊26号主座室内

朱紫坊26号宅门（沿安泰河河坊）

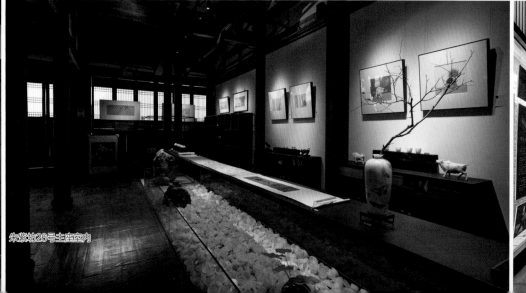

朱紫坊26号主座室内

图3-3-19　陈培锟故居

陈培锟故居三进主座室内

陈培锟故居二进前庭

陈培锟故居一进主座室内

第四章

上下杭历史街区
保护与再生

第一节　街区历史沿革

从东汉起，福州即有海外贸易。唐五代时期闽王王审知建甘棠港、福州港，呈现多港区发展格局，开辟了至高丽、日本、东南亚等地的航线，闽安邢港、南台江港也随之兴起。至宋代，福州的商贸已十分繁荣。明代成化十年（1474年），福州取代泉州成为市舶司所在地，成为"海上丝绸之路"的重要门户。1840年鸦片战争，清政府被迫签订了《南京条约》，福州成为"五口通商"的口岸之一。开埠后的福州进出口贸易迅猛发展，极大地推动了商贸的繁荣，众多具有一定规模、各具特色的商业街市也逐渐形成，上下杭历史文化街区是其中的典型代表。

上下杭历史街区位于台江区中南部，北宸大庙山、彩气山。公元前202年，越王勾践第十三代孙无诸于此山西南麓筑台接受汉高祖刘邦遣使者册封为闽越王，后人为纪念闽越王无诸而修建镇闽王庙[1]，俗称大庙，此山遂称大庙山，沿袭至今。唐五代后梁开平四年（910年），闽王王审知于大庙山西南麓闽江边的新市堤设宴为朝廷册封副使翁承赞饯行[2]，说明此时大庙山南麓闽江边已有埠头街市。从北宋元祐年间起，大庙山、彩气山南麓一带逐渐从水域中析出两片沙痕，成为码头区，曰"上航""下航"。古时"航""杭"相通，是故，此一带后来就被称为"上下杭"，亦称"双杭"。明代中叶后，古城西部洪塘港区逐渐淤积，更加促进了台江地区商埠的发展。至清初，从一张大约绘于清康熙二十五年（1686年）的福州城实景图[3]可以看出，当时除三捷河以南苍霞地区还是沙洲地外，上杭街、下杭街、潭尾街、龙岭顶巷、中亭街已成密集的街市区。此外，位于上下杭地区东北侧的南公河口港区也已形成对外港埠区，图中出现荷兰商船及建有接待琉球国使者、存贮贡品的柔远驿、进贡厂、控海楼及牌坊等[4]。福州成为五口通商口岸后，上下杭地区商贸业、金融业更趋繁荣，商铺林立，成为福州的商贸金融中心，与闽江南岸泛船浦至仓前山一带逐渐发展成为相对独立于古城区的福州近现代城区，由此，构筑起"一轴串两厢"的独特城市结构（图4-1-1）。

上下杭历史街区东起城市传统中轴线——八一七南路（中亭街），西以白马南路为界，南至三捷河南岸之中平路，与苍霞街区毗接，北至学军路、延平路，总占地面积31.73公顷，其中核心保护区23.54公顷，建设控制区8.29公顷。

① （明）王应山. 闽都记 [M]. 福州市地方志编纂委员会，整理. 福州：海风出版社，2001：123.
② （明）王应山. 闽都记 [M]. 福州市地方志编纂委员会，整理. 福州：海风出版社，2001：120.
③ 曾意丹. 福州古厝 [M]. 福州：福建人民出版社，海峡出版发行集团，2019：5.
④ 曾意丹. 福州古厝 [M]. 福州：福建人民出版社，海峡出版发行集团，2019：8.

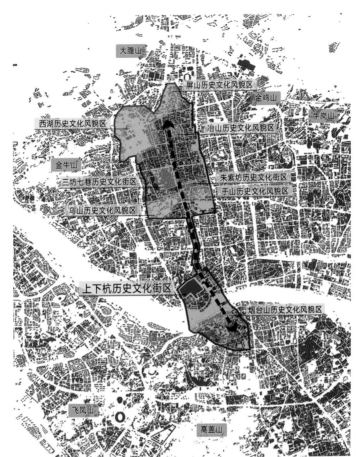

大腹山

屏山历史文化风貌区
金鸡山
西湖历史文化风貌区
牛岗山
冶山历史文化风貌区
金牛山
朱紫坊历史文化街区
三坊七巷历史文化街区
于山历史文化风貌区
乌山历史文化风貌区

上下杭历史文化街区

烟台山历史文化风貌区

飞凤山

高盖山

图4-1-1 "一轴串两厢"城市结构
（来源：作者改绘）

第二节 街区价值特征

一、街区肌理与山水形胜的紧密关联

　　上下杭历史街区位于福州传统中轴线与闽江交汇处的西北，街区整体呈现出依山傍水的特色，街区北部有西南至东北走向的大庙山和彩气山两座小山丘，通过龙岭顶相连接，山南地势平缓开阔。南部三捷河东西贯穿整个街区，河东端三通桥处向南接新桥仔河，向东通达道河注入闽江，西南端于三捷河（即今白马路与江滨路交汇处）连闽江，与闽江共潮汐，自然景观优美，地理区位优越。街区由北而南自然演进，随之水退城进逐渐发展壮大，形成山地、平地、滨水不同特征的街区肌理组织形态与建筑类型，肌理密集而有序，衔接有机而自然，反映古人择高临水而居的习俗和山水形胜与人工巧构结合的城市营建思想。

二、街巷格局近现代化的特征

上下杭街区的延平路-学军路、上杭路、下杭路、中平路四条东西走向的道路与街区东西两侧的中亭街、大庙路（今白马路）相连接，由南北走向的支前路-隆平路-龙岭顶巷（北伸连接洋中路）串合成鱼骨状的街区整体骨架；而蜿蜒其中的三捷河与纵横交错的丰富狭弄，令街区形态严整理性又富自然情趣（图4-2-1）。南北走向的隆平路—龙岭顶巷是街区中枢纽带，是福州历史上尺度最大的街道，亦是连山通江的景观通廊。街区内无论是街还是路，都密聚着市肆与老商号建筑，充盈着浓郁的商业氛围，皆为街区公共空间。而汤房巷、金源弄、万隆弄和婆奶弄等巷弄则宁静幽深，是各街市内部联系的通道，亦是部分商号建筑的次要出入口与居住建筑的入户通路，属半公共性的空间。整个街区的路网组织结构清晰、尺度层级分明、空间层次丰富，是为福州城市近代化的密路网街道的代表。

图4-2-1 上下杭街巷格局

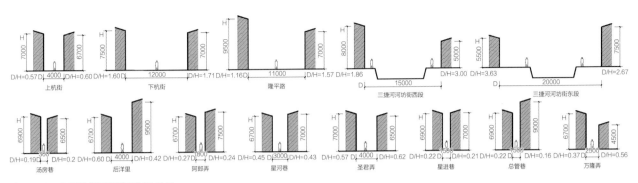

图4-2-2　上下杭街区街巷D/H比分析

　　街区内的街巷宽度（D）与沿街建筑高度（H）的比例关系最能够表达出上下杭历史街区历时的发展与演进，街巷、河道空间是其重要的特色空间。街区主要路街的宽度（D）除上杭街为4~6米外，其他宽度均10~12米左右，而巷弄只有1.5~2米（仅圣君弄为4米左右）。主要街路宽高比（D/H）为1/1~1/0.6，巷道宽高比为1/3~1/2，巷弄宽高比（D/H）约为1/6~1/4。街路空间舒朗、亲雅，而巷弄空间则逼仄，与街路空间的转折对比极具戏剧性变化（图4-2-2）。街区内的三捷河河道空间则变化丰富，其两岸建筑或临水而筑或退让河岸，伴随着建筑形态不同、与河岸组织肌理变幻，整体呈现出灵动、自然的特性。

　　街区内街路与巷弄之间依托道路转角空间、自然变化的地形、建筑入口后退空间等形成了丰富的街巷网转换节点，加之起伏变化、虚实相间的围合界面，塑造了丰富而生动的空间体验意象。

三、城市建筑近现代的表征地

　　五口通商之后，士绅、商贾、商帮、手工业者、传教士等多元阶层在上下杭苍霞地区聚集，融合壮大。上下杭街区亦成为中国传统文化和西方现代文化的重要交汇地（图4-2-3）。在建筑风貌方面，其既呈现出传承演进的特征，又融汇了省内外、国内外的风格特征，产生了极具地域时代特性的多类型建筑，有力催生了福州近现代建筑类型的多样性。

　　1. 传统院落型建筑的功能近代化

　　如同三坊七巷街区，上下杭街区亦是以院落式建筑为主体集合构成街区整体肌理，讲究中轴对称、大门居中、主从有序的布局方式，通过庭井、厅堂、门洞与暗弄等组织内部空间。但不同于三坊七巷街区以一层建筑为主导，上下杭街区则多为二层建筑，位于中轴线上的厅堂、营业厅建筑为通高的开敞空间，气势轩昂，充分体现出商家的身份与实力（图4-2-4）。

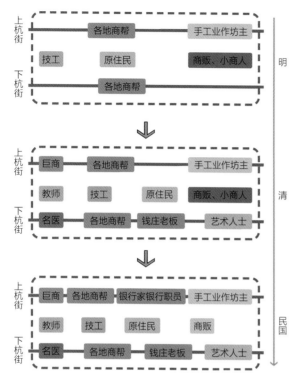

图4-2-3　上下杭多元文化和多元阶层融合发展

合院组合多沿南北进深展开，各家商行多是贯通东西二条横街（上、下杭街），正门设于上杭街、后门设于下杭街，或是正门设于下杭街、次入口设于上杭街；前店后仓或前店后宅，各有独立的出入口。一般为一家一落，诸商家沿横街毗接；总体呈面状均质分布，屋顶占据主导，天井亦呈孔状沿中轴分布。商业经营空间与院落格局相适应，商、住、仓等多样功能混合，但分区明确、动静分明；有些商家则将第一进经营性空间改为双坡式玻璃顶，如下杭街的咸康参号、上杭街的黄恒盛布行等，于传统建筑布局中演进出具有地域时代性的商业空间（图4-2-5）。

2. 中西糅合的近现代风貌特色

区别于古城内传统街区，上下杭街区繁荣时期出现了大量近现代地域特征建筑，如商行、会馆、银行、钱庄等为代表的较大规模的商业建筑，其建筑规格较高，沿街立面以两至三层为主，不仅街巷天际线富有变化，而且迥异于传统城市意象。此类建筑前文将其统称为"洋脸壳"厝，其沿街立面多为清水砖墙或饰以水刷石，入口部分则缀以石柱、拱券等，具浓郁的西洋风格；山墙部分则由于建筑一层变为二层，不再采用三坊七巷大厝式的"几"字形高耸封火墙，而多以弧形叠落（俗称如意卷）的封火墙形式，形成了独具个性的第五立面景观。建筑用材更加丰富，囊括了土、木、砖、石甚至混凝土等不同材质，构成了丰富多彩的建筑外观

图4-2-4　生顺茶栈正落一进主座厅堂修复后

图4-2-5　黄恒盛布行屋顶修复后

图4-2-6　隆源行沿隆平路立
面修复后

式样。从立面造型来看，西式建筑语汇、省内外多元的建筑形式都能结合福州传统建筑工艺做法予以表达，加之时间的锈化，于高度、色彩、材料以及风貌上仍体现出一种独特的和谐感，产生了迷人的建筑文化连续性与多样性（图4-2-6）。

四、闽商文化的荟萃地

上下杭街区不同于三坊七巷街区的达官贵人聚居区等级清晰的严整脉络，其作为闽商精神的重要发祥地，更具中西文化交融的多样性，成为福州传统商业街市区的典型代表，故有"福州传统商业建筑博物馆"之美称。

商贸业的发展离不开银行和钱庄信贷的支持与融通，而商贸业的发展也促进了银行和钱庄等金融业的兴起。近代上下杭地区金融业特别发达，钱庄、银行、当铺等各式金融机构林立，因而成了近代福州的金融中心。

上下杭街区在鼎盛时期有数十种不同类别的商业行市集聚，成为各地商帮的聚集地，是批发商、代客商及进出口商行的集中地。如兴化帮、江西帮、温州帮、南平帮、长乐帮、闽南帮、福清帮等，以及同业商帮（如钱庄业、木材业、海运业、茶商业、国药业等），各帮会会馆林立，帮会和谐共融，体现出上下杭地区聚合包容的商业文化精神。

街区内现存的巨商大宅及商行建筑，如各地商帮会馆、福州商务总会旧址、商神张真君祖殿，以及去毒社、救火会和一些教育建筑等丰富的遗存，构筑了近代福州商人阶层崛起，商贸金融业发展并逐渐广泛深入地参与社会事务的完整商帮文化网络，是为研究闽商文化的重要载体。

第三节　街区建筑类型特征

上下杭街区建筑按照其功能可分为会馆建筑、商业建筑、宗教建筑、居住建筑等几类。各类建筑因其不同的功能性质呈现出不同的空间形态和立面外观；而又因其对外贸易的繁荣，中西方文化广泛交融，呈现出强烈的中西合璧建筑特质。

一、会馆建筑

会馆是由同乡商人在异地成立的商会组织场所，可向同乡商人提供各种服务，在保障各地区商贸发展方面起到了良好的作用，是福州地区近代出现的颇具特色的建筑类型。清末民初，上下杭一带汇聚了兴安、南郡、浦城、延郡、建宁、周宁、寿宁、泰宁、尤溪、福鼎、建郡以及江西南城等14所会馆（图4-3-1），这些会馆建筑通常面积较大，功能多元，且普遍采用"馆庙"结合的布局形式，既传承了祖籍地的传统特色，又融入了福州地区的建筑风格，建筑造型独特，工艺精美，极具历史、艺术与科学价值，是福州建筑文化遗产的重要组成部分。如古田会馆、永德会馆、建郡会馆、浦城会馆等，是为上下杭历史街区代表性的会馆建筑。

古田会馆（图4-3-2）位于下杭街向西延伸的同德路2号，由古田县商帮集资建造，建于1914年。该会馆占地面积686平方米，坐北朝南，面宽21.1米、进深33.7米，为抬梁、穿斗式相结合的木构建筑，由主落与西侧落组成。功能上，"馆庙"结合，馆门额有石碑两方，上直下横，横书"古田会馆"、直书"天后宫"；左右旁门门额分别镌有"应运""朝宗"字样。建筑主落呈中轴对称布局，入门内依次为戏台、天井、拜亭、正殿。戏台面宽6.5米、进深5.4米，顶部有藻井，屋顶为歇山式；东西两侧为二层谯楼，谯楼北部分别连接钟、鼓楼。正殿面阔五间（通面宽14.4米），进深五柱（通进深11.4米），为抬梁与穿斗减柱造，单层歇山顶，其与拜亭皆有藻井，雕饰精湛。西侧落为附属建筑，由二层两进院落组成，前后设庭井。古田会馆建筑平面布局及其装饰结构令人印象深刻，如戏台、拜亭、正殿均设有不同样式的藻井，藻井檐部的如意斗栱、木卷棚、木雀替、浮雕花板等艺术构件精雕细刻，且大多有鎏金；石雕与灰塑亦别具个性，具有较高的艺术价值。

永德会馆（图4-3-3、图4-3-4）为永春、德化两县商人在福州建立的商帮和同乡会的活动场所，始建于清雍正年间，1931年重建。会馆位于三捷河南岸、硋埕里20号，位处星安桥与三通桥之间，是一座糅合中国传统建筑形式与西方建筑元素于一体的近现代建筑。

图4-3-1　南郡会馆沿下杭街立面

图4-3-2　古田会馆沿同德路立面修复前

图4-3-3　永德会馆沿三捷河立面修复前

建筑坐南朝北，占地面积约960平方米，东西宽约36米，南北深约31米，由主落与西侧落组成。主落北部后退三捷河10米，形成阔朗的入口前庭。主落共二进，一进主座面阔17.2米，进深10米，为福州传统台榭造型的三层木构建筑，重檐歇山顶；前后庭井，前庭三面环廊，环廊平顶可上人；二进为三面围合式三层砖木结构、坡屋顶建筑，高度低于一进主座约3米。西侧落一、二进均为二层木构建筑，一进为歇山顶正厅，前庭井亦较疏朗。主落沿河立面分为前后两个层次，前庭外墙为红砖砌筑、高度约5.8米，条石勒脚，墙顶做女儿墙形式，五门洞对称布置，中为石框大门，门额嵌石刻牌匾，榜书"永德会馆"，外饰西式柱式门廊；左右两侧各设二石拱门，门上额刻"人杰""地灵"；主座上部则为二层传统歇山顶木构建筑，融闽南与西式建筑风格为一体，是为上下杭街区造型最为独特的会馆建筑。

浦城会馆（图4-3-5）位于上杭街174号，由浦城县商帮集资于清末建造，占地面积约740平方米。建筑坐北朝南，依山而建，呈阶梯状递进，前后高差近17米。南面临上杭街，红砖砌筑正立面，为牌楼式形制，设一正门与两侧门，门额石镌有"天后宫""海晏""河清"字样。正门内为歇山顶戏台，面阔7米、进深5.6米，顶部有藻井，装饰精美。戏台正对主座，与主座、两侧谯楼形成四面建筑围合的庭井空间。主座为抬梁、减柱混合造，面阔五间（面宽16.5米），进深四柱（进深11.2米），重檐歇山顶，殿正上方设藻井，两侧吊顶饰有凤凰图案浮雕。主座后侧方设石阶转折而上，沿山势建有阶梯式三层屋舍，建筑后部（顶层屋面）三面围以高院墙，南向则为矮墙，形成南面可俯瞰街区及远眺闽江、烟台山的良好视野，北墙设有石框门与大庙山巷相接。

建郡会馆（图4-3-6）位于上杭街128号，由建宁府（府治在今建瓯市）商帮集资建于清嘉庆年间，是当年来榕的建宁商人休闲娱乐、住宿的场所，现为市级文物保护单位。会馆坐北朝南，面朝上杭街，背倚彩气山，依山而建，东西宽约20米，南北深约35米，占地面积约700平方米（指已完成修缮、开放参观的一进院面积，总占地面积2000多平方米）。正立面为红砖砌筑，牌楼式形制，设正门与两侧门；门额嵌有石碑两方，直书"天后宫"，横书"建郡会馆"，左右两侧门额镌有"海晏""河清"字样。会馆亦是"馆庙"结合，中

图4-3-4　永德会馆主座三层修复前

图4-3-5　浦城会馆沿上杭街立面修复前

图4-3-6　建郡会馆沿上杭街立面修复前

轴对称布局，门内依次为戏台、天井、拜台、正殿等。戏台面宽5米、进深4.7米，顶部有藻井，屋顶为歇山顶。其两侧为二层谯楼，谯楼北端分别连接钟、鼓楼。天井北侧为一拜台，面宽6米、进深4.5米；正殿面阔五间（通面宽17米），进深四间（通进深11.7米），抬梁、穿斗式木构架，重檐歇山顶，顶部有藻井。馆内建筑细部构造精雕细刻、造型生动。

　　上下杭会馆建筑为各地商帮集资建造，为同乡提供服务与帮助；各地会馆因各自的使用需求差异虽呈现出不同的空间特征，却于平面布局与立面装饰上又存在一定的共性特征，如皆为传统院落式木构建筑，主落建筑呈中轴对称布局，多为"馆庙"结合。由外到内的典型平面布局为大门、戏台、天井、拜亭、正殿，前庭两侧设谯楼，谯楼尾部分别连接钟楼、鼓楼。装饰方面，戏台、拜亭、正殿设有藻井，各木构细部构件均精雕细刻，石雕与灰塑等工艺精湛。正立面外观多采用牌楼式，大门居中，采用"馆庙"结合的会馆正门门额有石碑两方，上直书"天后宫"，下横刻馆名，左右旁门门额亦刻有吉祥寓意题匾；亦有会馆立面及室内装饰构件融入西式建筑语汇，呈现出中西合璧式的特征。随着时代的变迁，会馆建筑原有功能虽已逐渐淡化，却成为街区宝贵的建筑文化遗产，不仅具有重要的历史与艺术价值，而且可活化利用其戏台、厅堂等大空间举办一系列文艺演出、展览等文化活动，部分会馆仍继续发挥其历史功能作用，为属地商会活动场地及商品展销的窗口。

二、商业建筑

　　作为福州近现代商贸经济中心，上下杭地区是为各地商帮的集中地，大宗货物的集散中心，经营物品多达500余种[①]，培育出如黄恒盛布行、生顺茶栈、咸康国药行、德发京果行等众多知名商行、商号（图4-3-7）。

　　黄恒盛布行（图4-3-8、图4-3-9）位于上杭街217号，创建于清末，建筑为民国初期改建，楼板采用钢筋混凝土结构，主体二层，局部三层，为东西面阔15米，南北进深21米的砖木结构建筑。布行坐南朝北，占地面积320平方米。北立面临街，后退上杭街约4米，采用西方古典建筑上下三段式，一层为花岗石垒砌外墙，大门为尖券式石门框，二层中部设圆形窗，左右各立有爱奥尼双石柱，

图4-3-7　德发京果行沿下杭街立面

① 卢美松. 福州双杭志 [M]. 北京：方志出版社，2006：35.

屋顶为女儿墙环绕。平面布局延续了福州传统院落建筑格局，讲求中轴对称。一进一层为无隔墙的开敞式营业厅，地面铺设花饰瓷砖，大厅正中上空与二层空间贯通，其上有采光玻璃坡屋顶，空间高大敞亮。建筑后端为联系上下层的交通空间，东南侧设有天井；二层为办公区，各房间左右对称布置；三层部分位于大厅南侧，作为库房使用。布行室内空间颇具现代气息，外观立面典雅隽永，是为街区商行建筑的代表。

生顺茶栈（图4-3-10）位于下杭街238号，为传统院落式布局建筑，坐北朝南，共三进，占地面积1115平方米，面宽19.6米、进深64.5米；由正落和西侧落组成，四面封火墙围合，主落中轴对称布局。沿街为三层双坡屋顶、砖砌外墙建筑（西侧落沿街则为二层），外墙白色壳灰饰面，一层石框木门居中，两侧开窗；二、三层各开四扇窗，檐部为饰有青砖叠涩线脚的女儿墙。一进二层主座面阔三间（面宽11.6米），进深五柱（进深11.9米），前后庭井两侧均有二层披舍。其一层为商业、办公，二层为茶农居住等功能。二进二层主座面阔三间（面宽11.2米），进深五柱（进深10.4米），庭井两侧有二层披舍，此进原为茶栈经营者欧阳氏家族住处；三进为二层仓库，存放茶叶成品，前庭井两侧有披舍。西侧落面宽5.6米，两进均为二层，前后庭井东侧为二层游廊，下层设门洞与主落相通。

咸康国药行（图4-3-11）位于下杭街219号，建于清末。建筑坐南朝北，大门设于下杭街，为中西合璧式的三层砖木结构建筑。沿街立面为石材垒砌，下为石制墙裙，圆券石门框大门外立一对西式柱式，柱顶梁上为"咸康参号"石刻店匾。大门两侧为附有莲花图案铁艺的拱形窗洞，一层门廊立面为石材砌筑的通高方柱，二、三层中部为上下层一体的窗，气势不凡。传统药铺布局多为"前店后厂"式，咸康国药行内部布局亦类同，一层为大厅，后部设仓库和宿舍，大厅南侧左右各设有楼梯，二、三楼为办公区，中部大厅通高，屋顶四面围以可开启玻璃木窗，顶部为双坡玻璃天窗，采光良好，厅堂敞亮。室内装饰方面，中部地

图4-3-8　黄恒盛布行沿上杭街立面修复前

图4-3-9　黄恒盛布行一层大厅修复前

图4-3-10　生顺茶栈沿下杭街立面修复前

图4-3-11 咸康国药行沿下杭街立面　　图4-3-12 罗氏绸缎庄修复前

面采用进口花砖，其他为镶有铜条的水磨石地面，门窗等精雕花鸟走兽与人物故事题材，装饰考究，工艺精美。

　　罗氏绸缎庄（图4-3-12）位于下杭街181号，清末建筑，面朝西北，从下杭街向东南直通星安桥巷。清末民国时期，上下杭的商贸发展达到了黄金时期，商贾云集，最盛时仅经营绸缎、布匹和纱罗的商家就有二三十家。罗氏绸缎庄创始人罗翼庭为当时同行业中的佼佼者，其次子罗祖荫继承家业后，罗家的布匹生意迎来了鼎盛时期。罗氏绸缎庄共四进，占地面积约1450平方米。沿下杭街正立面为双层青砖外墙，一层墙体外饰白色壳灰，拱形石框门居中，两侧各设一拱形窗，二层四扇矩形窗对称布置。入石框门为一进，一进院为店面，主座面阔五间（面宽16.4米），进深五柱（进深9.8米），前后庭井，两侧均设有披舍。二进院为仓库，主座面阔五间（面宽15.8米），进深五柱（进深9.9米），前后庭井，前庭井北侧为回廊，两侧设披舍，后庭井两侧为披舍。三进院为居住功能，其朝向与前两进相反，主座面阔三间（面宽13.6米），进深七柱（进深12.8米），厅堂前设轩廊，其前后庭井，前庭井三面环廊，后庭井北侧设回廊，两侧为披舍。四进为厨房，后部临近星安河，货物通过水路上岸，搬入仓库十分便利。罗氏绸缎庄的院落雕梁画栋，木构件精美别致，造型独特，尤其第三进用材硕大，雕刻精美，当年的风貌依稀可见。

　　商行建筑是商业文化最为直接的载体，上下杭商业建筑既保有传统文化的精神，又结合社会发展的需求，融入了时代审美情趣，构筑了个性鲜明的，内部多为传统木结构、外部多为中西合璧式立面的独特"洋脸壳"建筑形制。上下杭商行建筑外立面多采用折中主义风格，一层采用厚重的石制壁柱、尖券式石门框等西洋式特征元素，上部则为斩假石或水刷石饰面，整体感知较为坚实。室内营业厅两层通高，上设双坡玻璃顶采光，空间高耸挺拔。功

图4-3-13　福州商务总会沿上杭街立面修复前

图4-3-14　福州商务总会八角楼修复前

能布局方面，前区一层为零售接待，二层及以上为办公、库房；多进式商行，二、三进则为作坊与居住功能。建筑内外多融入了华美富丽的装饰，局部细节杂糅哥特式尖券、圆形玫瑰窗等西方古典造型元素，同时结合福州本土的传统构造与工艺，如砖砌叠涩手法与中式装饰图案的白灰堆塑等做法。此外，铁艺装饰也得到了广泛运用，融地方传统的装饰特点与西方工艺于一体，具有强烈的在地转译性，形成了上下杭街区独树一帜的商行建筑类型与装饰特征。

　　商会为上下杭街区另一重要的类型建筑。商会主要用于商务接待与商讨行业发展事宜等，多采用传统院落式布局。上下杭街区的商会建筑主要以福州商务总会为代表，具有会馆议事、接待往来乡绅、娱乐等功能。福州商务总会（图4-3-13、图4-3-14）位于上杭街100号，由福州富商张秋舫等人于1905年首倡组织，于1911年兴建。建筑占地面积约3030平方米，由正落、西侧落、东侧落以及东侧园林组成。建筑坐北朝南，地势北高南低，南北高差近9米。正落南临上杭街，退让上杭街约5米，形成了较为开敞的入口前庭。正落由四进院组成，一进为面阔三间（通面宽11.6米）、进深七柱（通进深12.4米）的穿斗木构双坡顶厅堂，两侧为马鞍式封火墙；前庭井三面置有游廊。二进面阔三间（通面宽11.9米），进深三柱（通进深8.2米），地势略有抬高，后庭井设台阶与三进院前庭井接；三进前庭井西侧设有游廊，庭井面阔10.4米、进深4.9米，厅堂坡屋顶檐口高4.1米，宽高比大于1，空间疏朗；三、四进西侧留有暗弄，连接其前后庭井且与西侧落取得交通联系。东侧落以双层的"魁星楼"为核心，魁星楼又名八角亭，坐北朝南，重檐歇山顶，上层阁楼顶棚饰有藻井。亭前有古树、花圃、假山；亭后为三开间厅堂，后有庭井，两侧布置东西向披舍，庭井置有假山。福州商务总会最东侧为园林空间，处于彩气山东南麓，可居高俯瞰闽江；园内花木扶疏，亭榭、花厅隐于其中，是为商务活动风景最佳处。

　　商会建筑使用属性上多面向社会，相较于会馆建筑，少了宗教的神秘性，多了交流、开放的氛围。建筑形式方面，因其出现较晚，虽以传统合院式为主体，但更多融入现代元素，如平屋顶或四坡屋面的砖石木结构建筑与传统木构双坡顶相组合，建筑形式丰富多元；平面布局上亦更注重空间的疏朗开放，并讲求园林情境的雅趣。

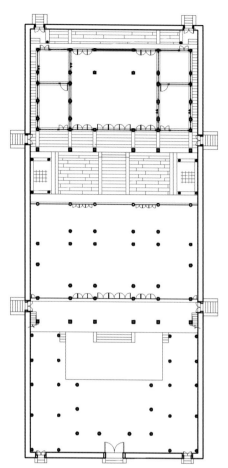

图4-3-15 陈文龙尚书庙平面图

图4-3-16 采峰别墅南立面修复前

三、宗教建筑

上下杭地区商贸发达，汇聚了各方人士，不同的文化习尚、信仰聚合于一体，故而也产生了多元的宗教建筑，一定程度上反映着街区风貌特征的个性特征。街区现存各类宗庙建筑十余处，保存较完整的宫庙主要有三捷河畔的陈文龙尚书庙、张真君祖殿、法师亭、观音庵、龙岭顶关帝庙、大圣庙等。

陈文龙尚书庙（图4-3-15）始建于明代，原位于中亭街东侧后洲坞尾街，是纪念抗元忠烈陈文龙的祠堂。2005年迁移至街区东端的三通路2号、三通桥北侧，占地面积1133平方米，东西面宽22米、南北深51.5米。建筑坐北向南，为传统院落式建筑，四周围以封火山墙；主立面为青砖砌筑的五牌楼式形制，正门横额"敕封水部尚书"，左右小门额为"覆忠""蹈义"，侧立面为壳灰饰面、"几"字形马鞍墙。入正门后即为顶部饰藻井、歇山式屋顶的戏台，戏台两侧设二层谯楼，主座面阔五间（面宽20.7米），进深七柱（进深14.2米），内部无隔断，其前后庭井，后庭井左右设有游廊；后殿面阔五间（面宽18.9米），进深七柱（进深12.2米），两侧山墙处设暗弄连接前后庭井。

上下杭街区宗教建筑主要为道教宫庙，这些建筑遵循传统建筑布局形制，尤其是以福州地域风格特征鲜明的牌楼形态作为主立面，加之色彩绚丽的灰塑及起翘飞扬的屋脊，令整体外观雄伟庄丽，气宇轩昂，让街区洋溢着欢快的气息。

四、居住建筑

除商业类等公共建筑，上下杭街区还存续着数量众多的居住建筑，依形制的不同可分为独立式居住建筑和院落式居住建筑。

独立式居住建筑受西方文化影响，脱离了原有多进院的住宅形制，平面呈集中式，层数为二至三层的洋楼风格。如位于上杭街122号的采峰别墅（杨鸿斌故居）（图4-3-16），占地面积2000余平方米，建筑面积524平方米。建筑由大门、二道门、照壁、花园、主体建筑等部分组成。大门临上杭街，为青砖拱与东侧二层青砖外墙建筑联为一体，谦逊低廉；入门后经约60米长的斜坡上升至第二道大门。入门后即阔朗的花园，两侧为高大乔木、假山，正面上十余级台阶至照壁，转为两侧的数级台阶达花园中的别墅式主体建筑。主楼面朝东南，为中西合璧式风格，入口置有西式柱廊式门廊，正面东西两侧各凸有八角形房间。建筑外观装饰简洁明快，融西式风格与福州传统建筑装饰工艺于一体，如门窗采用尖券形式，窗扇外部设有木百叶用以遮阳；而墙面叠涩装饰则采用地方传统图案与做法。总平面布局亦讲究中西融合，将主体建筑置于基地中部靠北，留出楼前宽阔用地，设置西式草坪、花圃，东、西、北侧以中式园林的假山、亭榭、鱼缸、石桌椅等构筑曲径通幽处，形成了旷奥相济的园居生活新方式。材料与技术方面，综合运用了工字钢、钢筋混凝土等现代材料，解决了建筑大跨度、大出挑等技术问题；而地方传统工艺与材料如砖、石、木等的运用则让建筑仍充盈着浓郁的地方特性。

"华侨住宅"（图4-3-17、图4-3-18）位于三捷河南岸、利发巷89～93号，地处星安桥与三通桥之间，始建于清光绪年间，为独幢中西合璧式民国双层砖楼。该建筑可追溯到百年前由杨启文、杨启善兄弟创办的福州"老字号"合春商行，以及经营者杨氏家族。杨氏家族是当时的福州巨商，其产业大多集中在中平路，如浣花庄、新紫銮歌舞厅、庆菁钱庄、大东饭店等。杨氏家族最著者是第三代杨文畴，利发巷89～93号建筑就为杨文畴九姨太公馆，故又称"九奶奶府"。建筑面朝西北，占地面积约420平方米；沿三捷河主立面为条石墙基、红砖墙体，开三门洞，正门上有木披榭门罩；两侧门上方设有铁艺阳台，外门窗为民国初西洋式风格。入正门即见二层的主座，面阔五间（通面宽21.3米），进深五柱（通进深9.7米），其明间通高，为清末民国式样建筑。前天井北侧设二层回廊，东西两侧为二层双坡顶披舍。建筑石构件用材粗大，檐柱柱础雕刻精美；木构件刻工技艺精湛、图案精美，穿

图4-3-17 利发巷89～93号"华侨住宅"沿三捷河立面修复前

图4-3-18 利发巷89～93号"华侨住宅"前庭井西披舍修复前

斗木构架、装饰风格等具有不同年代特征，可作为研究福州地区传统与近现代建筑的重要载体，具有一定的历史、艺术和科学价值。

　　院落式建筑仍是上下杭街区居住建筑的主体，其舒缓的如意卷等封火山墙构造鳞次栉比，其双坡屋顶肌理特征让上下杭街区第五立面景观呈现出独特的个性。其院落式居住建筑延续着福州传统的建筑形制，强调中轴对称，面宽、进深因地制宜，但层数以二层为主，故而空间体验（尤其厅堂部分）迥异于三坊七巷宅邸。受西风东渐影响，街区大部分院落式居住建筑临街立面多融入了西式元素，呈现出"洋脸壳"特征。此外，为更好地满足居住生活与商业经营的需求，许多建筑都同时兼备商业、居住、加工、仓储等多元混合功能。

　　邓炎辉故居位（图4-3-19）于上杭街87、89号，福州商务总会对面。邓炎辉曾任福州工商联主席，是誉满榕城的商业界代表人物；中华人民共和国成立初期，他积极投身各项政治活动，爱国、爱党、爱新社会。其故居坐南朝北，占地面积约640平方米。建筑呈前店后宅式格局，北侧临上杭街为一座二层民国门头房，外立面饰以白色壳灰，开一正门、两侧门及一边门，两侧门上方开有圆窗，并饰精美纹样灰塑。门楼为三开间，为倒朝式，与主座前庭院墙形成一带型天井；天井南侧过封火墙石框门即为一进庭井，其主座为明代建筑，面阔三间（通面宽15米）、进深七柱（通进深14.3米），坐北朝南，一字屏门，前檐置轩廊；南侧庭井三面环廊，南封火墙开石框门与汤房巷2号相通。于装饰方面，该故居将中西方元素融为一体，如临街立面把西式几何图形与中式图案相结合，而内部则为穿斗式木结构、传统院落式平面格局，是为上下杭街区民居建筑的代表之一。

　　曾氏祠堂（图4-3-20）位于下杭街196号，由清末民国福州第一大纸行老板曾文乾购得，其堂弟

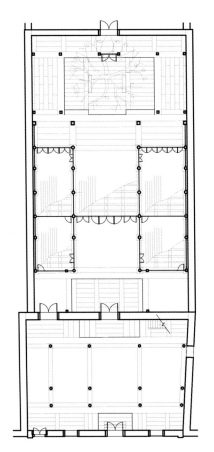
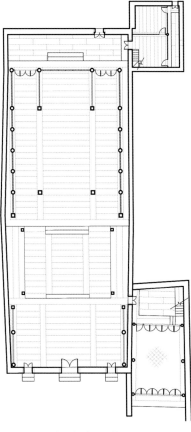

图4-3-19　邓炎辉故居平面图　　　　图4-3-20　曾氏祠堂平面图

林轶南督工建造。建筑坐北朝南，原为两进，首进临街为商行功能，供以出租，现已毁、仅存四周残墙。现存建筑占地面积约624平方米，由正落和东侧落组成。正落面宽13米、进深35米，四面如意卷式封火墙围合。朝南正立面底部为条石花基、清水青砖墙体，中为石框大门，门额石板书"南丰衍派"，两侧开圆拱侧门，上镌"入孝""出悌"题匾。墙体上部为砖砌叠涩出檐，设过水洞用以墙后门厅屋顶排水，其上为清水女儿墙。正落呈中轴对称布局，入门依次为门厅、回廊、祠厅。建筑均采用石柱、石柱础和伏地石，上承木童柱及木梁架。门厅面阔三间（通面宽11.9米）、进深三柱（通进深5.9米），硬山双坡顶，后檐用青石方柱；明间以纵、横向扛梁减立柱，形成开阔的无柱空间；东侧墙开一门洞通东侧落。祠厅面阔三间（通面宽11.5米）、进深七柱（通进深14.9米），两侧有暗弄。明间用纵、横向扛梁减檐柱、堂柱、前后大充柱。厅内不设屏门，明间后部为神主位，其两侧为裙板隔断。前庭井三面环廊，面宽9.2米、进深7.4米，空间阔朗；后庭井东北侧开一门洞通北侧民居，东侧开一门洞通东落二进。曾氏宗祠经修缮后，活化利用为苍霞社区文化活动中心。

利发巷59号（图4-3-21）位于三通桥南侧，坐南朝北，占地面积约330平方米。建筑呈中轴对称布局，四面封火山墙围合。墙体外饰以白色壳灰，底部为石材墙基，墙顶绕以青砖女儿墙。北立面正中开一矩形石框门，上设木披榭门罩，门左右各有一矩形窗，二层亦同。建筑由南、北两座双层木楼组成，两楼间隔有天井，天井两侧各设有转角楼梯和连廊。北楼中部为开敞空间、两侧为厢房；南楼中部为厅堂，太师壁后部空间上下通高，且上方为玻璃采光顶，其南、西、东侧为厢房。装饰方面，建筑的轩架、隔架、垂花柱、雀替插栱等构件雕刻精美，图案考究，具有较高的艺术价值。该建筑较为完整地保留了福州传统民居平面格局，在梁架、结构等方面体现了民国时期的建筑特色，对于研究清末及民国时期福州传统民居的建筑形制与风格，具有重要的科学价值。

图4-3-21　利发巷59号北立面修复前

黄培松故居（图4-3-22）位于中平路172号，建于清末时期。黄培松为清光绪年间的"武状元"，其父黄嘉粟于咸丰、同治年间到福州开设茶行，因经营有方，生意蒸蒸日上，本建筑为黄嘉粟发家后购置，亦为黄嘉粟创办的"泉泰茶行"旧址。建筑坐北朝南，由正落与西花厅组成，占地面积约1500平方米。建筑原为七进院，现存三进院，四周封火山墙围合。南立面后退中平路约4米，入口空间内凹，门罩以下采用红砖砌筑，门两侧饰有精美的花木题材雕刻图案。入石框门即为一进院，一进主座为面阔五间（面宽18米）、进深五柱（进深9.8

图4-3-22　黄培松故居沿中平路立面修复前

米）、二层穿斗式木结构建筑，前、后庭井两侧设二层厢房。二进主座面阔五间（面宽19.8米）、进深五柱（进深9.7米），前后庭井，前庭井两侧设有厢房，后庭井呈狭长形态。三进主座为中部通高、两侧为厢房的二层穿斗式木楼，其南侧设狭长庭井。该建筑装饰精美，斗栱、雀替、垂花、花窗、青石柱础等建筑细部精雕细刻，建筑局部采用了红砖元素，显现出黄培松祖籍南安的闽南建筑特征。如今，黄培松故居活化利用为福州市美术馆，成为集展览陈列、收藏保护、学术研究、艺术交流、教育推广与文化休闲于一体的公益性文化艺术场所。

第四节　街区保护活化策略

一、街区保护活化所面临的主要问题

中华人民共和国成立后，由于大量企事业单位入驻街区，以及商业功能多被改为居住用途，使街区原有浓厚的商业氛围逐渐消失；而居住与工业的不可调和性，更让街区沦为环境恶劣的地区。

原居民受动迁安排或产权问题影响，多数已选择在外居住，导致街区的社会结构发生改变。街区保护更新前已成为外来务工人员的聚集地及外迁困难的弱势群体的续住地。为扩大居住面积，大多数原住户选择违章扩建或改建，这些无序的建设行为不仅恶化了街区整体的居住环境品质，而且对各类保护建筑及风貌建筑产生了不可逆的破坏。

街区原有的空间形态、肌理、风貌受到了不同程度的破坏和侵蚀。如隆平路、下杭街等沿街商户和单位对建筑沿街界面的自行改造，学军路、上杭街等传统沿街界面被拔地而起的当代住宅小区逐步替代（图4-4-1、图4-4-2）。火灾不时发生，如龙岭顶片区核心部就出现过火灾，形成一片空白地。此外，街区内的公共空间及绿地也在住户逐年的改、扩建行为中被不断侵占，这些行为都对街区的整体空间形态、肌理与风貌产生了巨大的影响。

同时，街区内留存的街巷生活性功能需求与现代化发展的交通需求之间的断层也越来越大。现存较为落后的交通基础设施亦不能满足日常城市生活的需求，如停车的诉求等；供水供电系统管网过时，原有街巷内供水系统管径普遍偏小，缺乏独立的雨污系统。电力设施及线路布置杂乱且露明现象严重，存在严重的安全隐患且严重破坏街区景观风貌。消防设施缺乏，加之街区多为木构建筑，让街区整体存在严重的消防隐患。

图4-4-1　上杭街修复前　　　　　　　　　　　　　　　图4-4-2　上杭街沿街界面遭破坏

二、街区保护活化策略与具体设计

1. 织补街巷肌理，修复街区整体格局

以隆平路-龙岭顶巷为街区南北主轴线，以上杭街、下杭街、三捷河河坊街为东西纽带，再造街巷整体网络，梳理并修复街区丰富而细密的巷弄体系，重织街区空间与路径的多元连接性（图4-4-3）。

以点、线、面多尺度层级修复方式，对各级文保建筑、历史与传统风貌建筑、历史环境要素进行真实性保护，制定针对性的分类保护与修复整治措施；修复街区空间格局、街巷网络、平面肌理、整体风貌的完整性。

修复各街巷的肌理及界面的完整性，清理后期违章棚屋及建筑改、扩建，还原街巷边界轮廓，对存留的不协调建筑进行降层处理或拆除更新，重塑各街巷的历史特征；同时，结合拆除建筑进行妥帖性留白，营造公共空间节点，既讲求保持传统街道格局，又注重满足街区现代化生活的需求。如三捷河南岸永德会馆东西两侧的不协调建筑，应对其降层与退让拆除，留出河岸空间，将会馆建筑完全呈现出来，并形成有文化意义的节点空间。此处，设计还利用龙岭顶片区原火烧地来塑造龙岭顶公园等公共生活空间，让街区未来具有可持续活力。

通过梳理街区周边交通体系，将过境交通绕开街区，形成街区内部全步行空间；并在街区各主要出入口周边设置停车场或地下停车库，满足社区及游客的停车需求，如于街区北部利用福州四中操场设置地下停车库、于南侧结合城市观江平台设置停车场、于西侧利用大片更新建筑设置地下车库以及于东侧挖掘已闲置多年的中亭街地下停车场等。

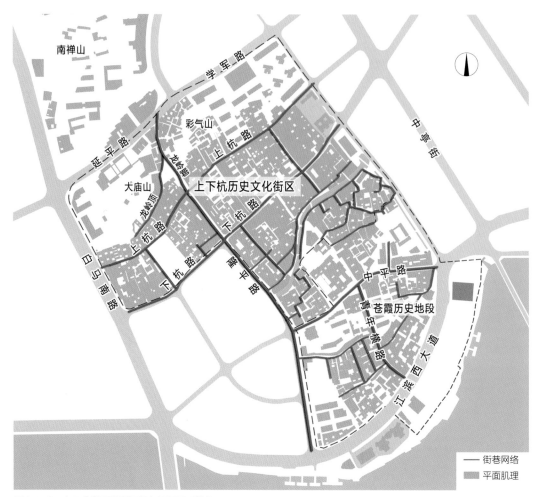

图4-4-3　上下杭街区街巷网络与平面肌理修复

2. 补足基础市政配套系统，建构街区消防安全体系

重置街区市政管网系统。实现供水管网的更新、雨污分流系统的置入、电力设施设备的换代更替、电网线路的下地埋设以及智能化系统植入等，以满足街区对现代化市政功能设施的需求。

建立街区完善的消防系统。梳理消防通道、设置满足服务半径的相关回车节点空间，以保障各功能片区均具备独立的消防安全性能；统筹布局、合理分区、分点设置；以新梳理的公共空间结合更新建筑设置防火墙等防火分区。各回车场设置则结合街区公共空间节点，进行契合式分布，二者功能兼具。而于小街巷内的更新建筑，基于新建筑与传统木构建筑防火间距应达9米，如于三通桥下巷内，设计采用院墙分隔方式，既保持了传统街巷的固有尺度，又为新建筑留出前庭，丰富了街巷空间层次。

3. 寻找差异，凸显街区独特价值特征

通过对街区风貌特征的梳理、分析与归纳，辨识上下杭街区与福州其他历史街区的差异与独特性，也对街区内部不同片区的风貌特征认知进行了区别。

尊重并强化街区现存的文化景观唯一性及其所反映出的建筑风格多样性。上下杭街区是由多时期、多元文化的交融演进而形成的不同片区的集合体，进而产生了不同时代特性、景观特征的风貌片区。设计通过以类型学为基底的归纳梳理，在保护修缮文物与历史建筑及传统风貌建筑的同时，按其以木构建筑为主的明清建筑、以青红砖或石砌建筑为主的民国时期建筑外墙进行分类，并区分商业、居住、教育、宗教等不同功能建筑特征，厘清各片区的独特性要素，形成了龙岭顶、上杭街、下杭街、隆平路、三捷河等不同功能与风貌片区。此外，我们还通过细节构造尺度对不同片区建筑按照女儿墙形式、门窗样式、砖叠涩线脚样式等建筑细部进行分类归纳，建立街区普适性与差异性的建筑元素谱系，运用于更新建筑与立面改造建筑设计中，以普适性形塑街区整体风貌特色，以差异性元素重塑各片区的个性，获取于整体上凸显上下杭街区唯一性价值特征与文化景观独特性的设计目标。

4. 保护与利用结合，重塑古厝生机

在真实、完整保护各级文物保护建筑与历史建筑的同时，我们强调保用结合的设计理念，依据不同片区、不同区位植入贴合建筑空间又适应当代城市生活需求的功能业态，实现街区保护建筑的复苏与串合，由点而面，重塑街区具有持久活力的高品质人文环境，使原本逐渐脱离当代生活、但富涵人文意义的历史街区与市民日常生活重新紧密连接，让传统文化得以接续与传承。

于街区整体空间格局修复方面，设计一方面注重其完整性再塑，另一方面强调适应当代城市生活的多层级尺度的街区、街巷公共空间的建构，并与室内多样性的商业空间、文化展示空间等融合，赋予整体街区以新的活力。

保护类建筑再利用，我们强调发掘各建筑既有历史文化内涵，并与街区存续的非物质文化遗产展示相结合，充分揭示并展现上下杭街区作为"福州传统商业博物馆"的价值特性。于传统风貌建筑和改造再利用建筑，设计则注重其适应时尚活力的新业态功能需求的空间重组，以形成最大的灵活性与弹性，为街区的可持续发展奠定良好基础。

真实性保护与适应性发展相结合，城市文化遗产与市民日常生活相连接，将上下杭街区塑造为城市"生活综合体"，让文化遗产有力推动城市经济社会发展。

图4-4-4　上下杭景观

上下杭鸟瞰

三通桥下巷张真君主殿外观

三通桥下巷景致

图4-4-5 三捷河景观

三捷河河坊街东入口广场

三捷河河坊街景致

三捷河河坊街景致

三捷河
河坊街景致

三捷河星安桥节点夜景

三捷河河坊街景致

三捷河星安桥头节点广场夜景

图4-4-6 永德会馆组图之一

沿三捷河主入口外观

细部构造

主落二进庭井空间

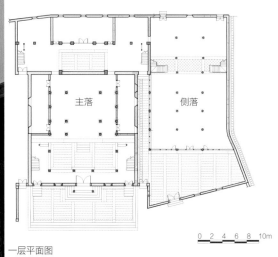

主落　　　侧落

一层平面图

0 2 4 6 8 10m

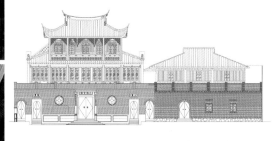

沿三捷河主立面图

0 2 4 6 8 10m

主落纵向剖面图

0 2 4 6 8 10m

图4-4-7　永德会馆组图之二

主座阁楼

沿三捷河主入口外观

主落一进厅堂空间

图4-4-8 建郡会馆

沿上杭街主入口外观

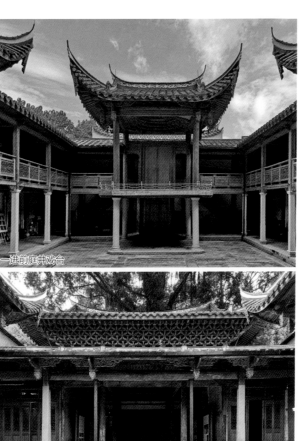

一进前庭井戏台

一进大殿前庭井

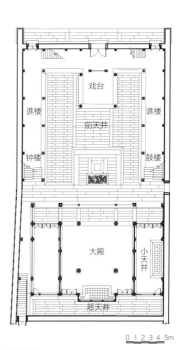

一层平面图

0 1 2 3 4 5m

沿上杭街正立面图

0 1 2 3 4 5m

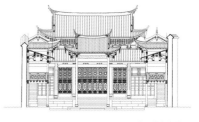

一进大殿厅堂空间

横向剖面图

0 1 2 3 4 5m

图4-4-9　福州市商务总会组图之一

沿上杭街外观

魁星楼外观

魁星楼二层空间

中落一进前庭井空间

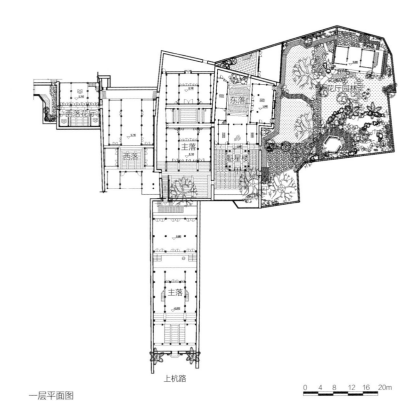

一层平面图

0　4　8　12　16　20m

图4-4-10 福州市商务总会组图之二

东列落二进后庭井空间

魁星楼一层空间

中落三进前庭空间

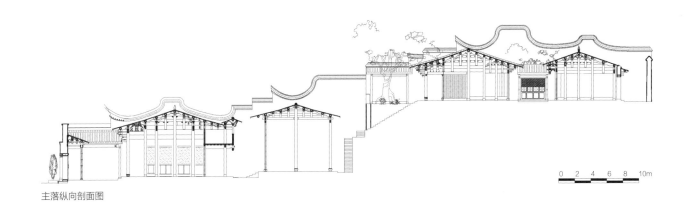

主落纵向剖面图

0 2 4 6 8 10m

图4-4-11 福州市商务总会组图之三

东花厅园林

西落主座厅堂

西落主座前庭井

东侧落二进厅堂

图4-4-12 罗氏绸缎庄组图之一

三进主座厅堂空间

二进主座后厅

三进主座后庭井

一进采光天窗

主入口石框门

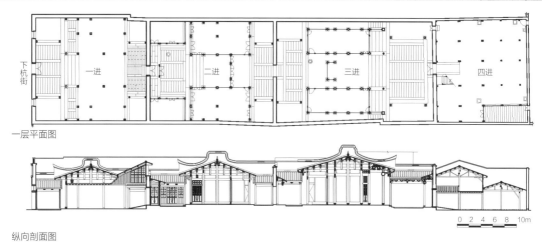

一层平面图

纵向剖面图

0　2　4　6　8　10m

图4-4-13 罗氏绸缎庄组图之二

二进主座厅堂空间

三进主座轩廊空间

图4-4-14　罗氏绸缎庄组图之三

二进三开座正厅空间

细部构造

细部构造

细部构造

图4-4-15 高氏文昌阁组图之一

主落二进主座厅堂空间

文昌阁前庭

主落二进主座轩廊细节

主落二进主座前庭井回廊空间

图4-4-16 高氏文昌阁组图之二

主落一进前庭井空间

文昌阁外观

文昌阁二层空间

文昌阁二层一角

图4-4-17 采峰别墅

主立面外观

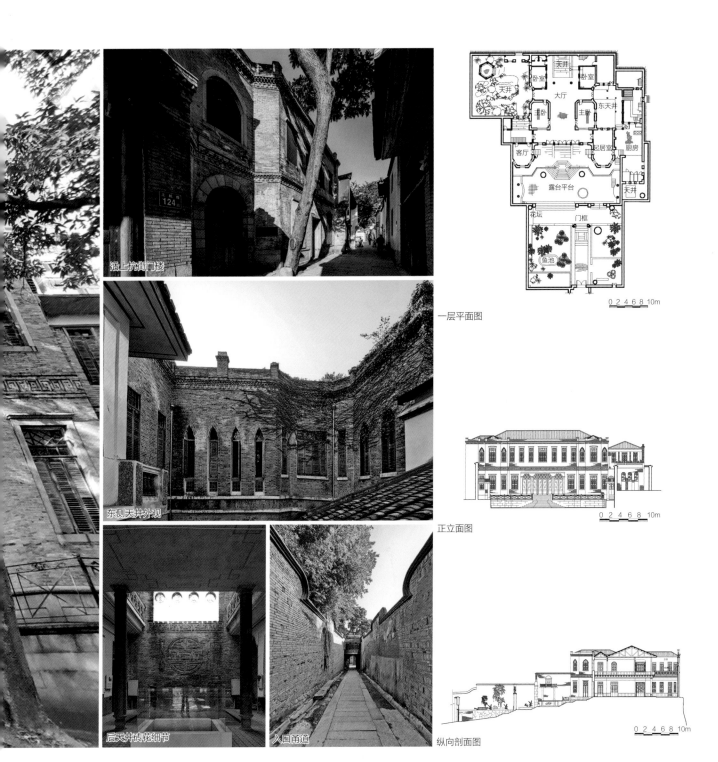

沿上杭街门楼

东侧天井外观

后天井砖花细节

入口甬道

一层平面图

0 2 4 6 8 10m

正立面图

0 2 4 6 8 10m

纵向剖面图

0 2 4 6 8 10m

图4-4-18　利发巷59号

内庭井空间

二进主座厅堂空间

内庭井回廊空间

一进主座厅堂空间

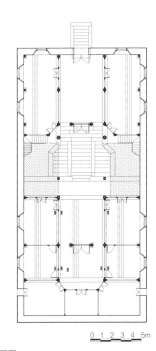

一层平面图

主入口空间

横向剖面图

纵向剖面图

图4-4-19 黄培松故居组图之一

沿中平路入口门头房

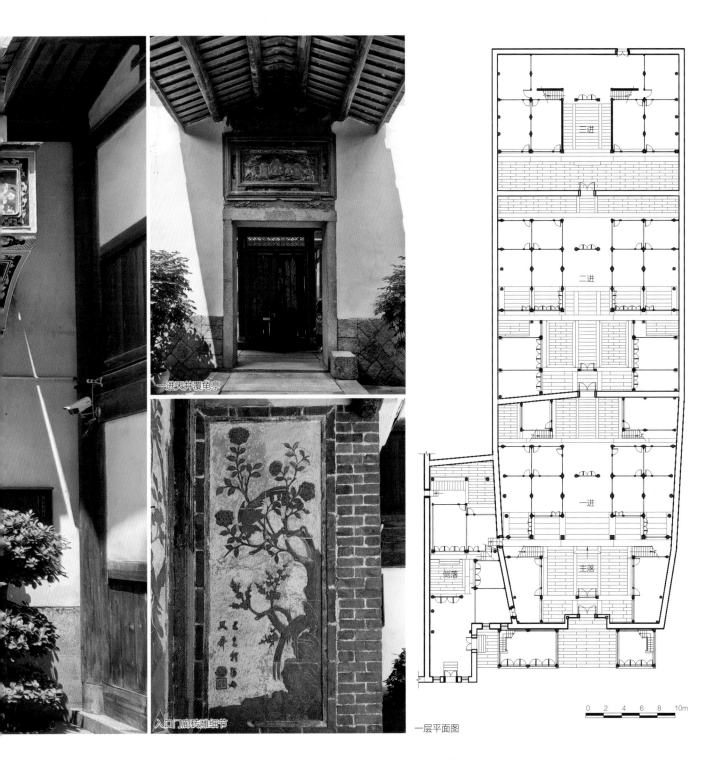

一进天井覆龟亭

入口门廊砖雕细节

一层平面图

0 2 4 6 8 10m

图4-4-20　黄培松故居组图之二

主落二进厅堂太师壁

主落一进后庭井

主落二进厅堂空间

主落二进前庭井

墙帽灰塑细节

轩廊木雕细节

主落三进门洞

纵向剖面图

0 2 4 6 8 10m

第五章

老仓山保护与重生

第一节　老仓山历史城区的发展历程

　　老仓山，暨仓山区最早的城市聚集区，与闽江北岸上下杭、苍霞历史片区共同构成了福州近现代滨江历史城区。范围为今闽江以南、上三路及三高路以北、港头路以西，包含了仓前山历史片区及泛船浦至港头片区，涵盖面积约2.7平方公里；列入名城保护规划的滨江历史城区的仓前片区占地面积约1.53平方公里，其在城市变迁中总体格局仍存续完整。老仓山历史城区是中西文化交融的空间载体，是福州城市近代化的历史见证（图5-1-1）。

一、古代南台岛北岸的建设发展

　　仓前山，古称藤山。据民国《藤山志》记载："汉时草莱未辟，荒山而已。梁天监间乃大丛林。至晚唐始有居民。自宋南渡后，以迄元、明、清，户口日增，人烟稠密矣。"①自唐末到宋初，藤山居民鲜少，不成村落。南宋，随避战乱的中原人民南渡之后，迁居藤山的住户才逐渐增多。

　　元初，藤山地区人口聚集始成村落，逐步形成由清安、清泰、义安、登龙、东安、兴义、南境、北境、鳌头、万安组成的十境。元至治二年（1322年），修建了万寿桥，闽江两

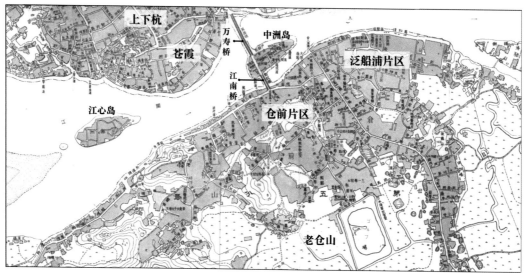

图5-1-1　民国老仓山历史城区示意图
（来源：根据福建省图书馆藏1937年《福州市街图》改绘）

---

① 蔡人奇. 藤山志［M］. 福州：海潮摄影艺术出版社，2022，8：3.

岸的联系更加紧密起来，促进了藤山地区的发展。元末，福州路为加强海防，在中洲岛设炮台、炮城，在临江的藤山峰顶设烟墩以预警报警，遂藤山又称烟台山。

　　明洪武年间，藤山北麓设盐仓，至嘉靖年间已有百余所私仓，因其南倚藤山，遂别称为仓前山。民国《藤山志》记载："烟台山之西（南）曰梅坞，曰大帽山（即麦园顶）、曰天宁山、曰黄柏岭，统名曰仓前山。"[①]明弘治十一年（1498年），闽督舶太监邓元受西洋商人贿赂将舍人庙以东许予洋人辟新港以停泊商船，因此称港头一带为番船浦，后雅称为泛船浦。清康熙二十四年（1685年），朝廷设闽海关（常关）南台分口于中洲岛，至此仓前一带商业贸易渐趋繁盛。

二、老仓山商埠区的形成

　　清道光二十二年（1842年），福州被辟为"五口通商"口岸，按协议洋人只能在城邑外围居住与经商，因此仓前山地区凭借其优越的地理位置而为外国人居留地，逐步形成福州的领事馆区、外贸基地以及航运中心。道光二十五年（1845年），英国在仓前山首设领事馆，随后境内共设有英、美、法、德、俄、日等17个国家的领事馆或代办处。随着外国资本的输入，泛船浦至中洲岛一带洋行林立；咸丰十一年（1861年），闽海关（洋关）于泛船浦设立，洋行随即选址或迁移于周边区域，更因福州成为当时世界性茶叶贸易港，泛船浦一带商行云集、热闹繁华。洋商们在泛船浦设立洋行、仓房的同时，环境优美的仓前山麓成了他们居住地的首选。

　　与此同时，西方传教士在仓前地区不断兴建教堂、学校、医院，加速了片区城市化的进程，仓前山一带得到了全面的建设与发展，使老仓山成为福州对外经济、文化交流的重要窗口。西式各类建筑风格也在这一时期在福州传播，与中式建筑风格融合，造就了不同于闽江北岸上下杭地区的准租界区，被誉为"万国建筑博览会"。

三、民国时期，老仓山城市建设的全面发展

　　国民政府建立后，老仓山地区的经济与文化进一步发展：同时教会所支持的文教设施也得到进一步拓展与建设。由于当时民族工商业的兴盛，港头、泛船浦和上渡地区形成了茶叶、木材的加工区，当时福州较大的民族工业都集中于此。中国银行、中央银行等福州分行

---

① 蔡人奇. 藤山志 [M]. 福州：海潮摄影艺术出版社，2022：13.

也设立在仓前片区，与汇丰、台湾、美丰、东南4家银行共同构筑了当时福州的金融中心；形成以泛船浦、观井路为核心的具有外贸和金融双重功能的商务集中区。对外商贸的繁荣，促进了上藤路、塔亭路地段成片区的繁荣街市。

1927～1937年是民国的"黄金十年"，老仓山掀起了新一轮的城市建设，政府大力建设市政基础设施，人口急剧增加，风格各异的商行、教堂、医院、学校和独立式住宅拔地而起。同时期，大量华侨归国发展，很大一部分定居于老仓山片区；仓前山南麓片区得以快速发展，公园路、积兴里、复园路、马厂街等地区房地产与大量私宅涌现，至今存续仍完整。

1933～1934年的"闽变"、1937年全面爆发的抗日战争影响了仓山的进一步发展，刚刚复苏的城市建设也戛然而止。抗战开始后，老仓山新建建筑屈指可数。1945年抗战胜利后，各政府机关、学校等大部分都迁回原址，金融机构仍分布在观井路、塔亭路一带。1945年10月，仓山区建置，辖地东至港头、南至三叉街，西至上渡路、北至中洲，基本延续了历史建成区，直至福州解放后。

第二节　老仓山历史城区主要价值特征

一、西方多元建筑风格共置

福州成为五口通商口岸后，老仓山地区因其特殊的地理位置和优美的自然景观而为外国势力所盘踞，逐步形成福州的领事区、外贸基地和航运中心。不同国家领事馆与洋行建筑呈现出不同的建筑风格，早期的各类洋行多为殖民地外廊式，而后的各类建筑则呈现了西方国家各时期的流行风格。风格多元、风貌异域的建筑奠定了烟台山"万国建筑博览会"的特征（图5-2-1）。

老仓山地区的发展见证了福州城市由古代步入近现代的发展历程，其留存下来的众多历史建筑也反映出该地区各个时期的发展特征和演变脉络。

迥异于古城区与上下杭苍霞地区，老仓山受西方文化影响更为深刻，其建筑类型亦多体现出外来文化特征。其建筑风格主要表现为：外廊式、英国维多利亚时期建筑风格、哥特式风格、罗马风、巴洛克风格、折中主义等。民国时期则呈现出强烈地方性的中西合璧风格、教会中国式风格以及红砖建筑风格等。

图5-2-1　19世纪末仓前山北岸
（来源：苏格兰国家美术馆藏黎芳照片集）

1. 外廊式

由于早期来到福州的外国人大多来自东南亚一带，为了适应地域气候而创造出一种外廊式建筑形式，[①]主要代表为四面环廊与单面设廊两种类型的外廊式领事馆、洋行等。早期的外廊式建筑，由来榕的外国人建造，具有比较纯正的西式风格。其中，具有代表性建筑有乐群楼（图5-2-2、图5-2-3）、汇丰银行福州分行旧址、福建美丰银行旧址等。

2. 哥特式

哥特式建筑以教堂为主，最具代表性的是位于泛船浦的圣多明我主教堂（泛船浦天主堂）（图5-2-4），以及位于乐群路的圣约翰堂（石厝教堂）和福州高级中学校内的英华小礼堂（图5-2-5）。

3. 英国维多利亚式风格

具有维多利亚式风格的建筑以居住建筑为主，主要分布在公园路一带。其中具代表性的有西林小筑（图5-2-6）及东山别墅群（包括振庐、东山别墅、清河庐、颖庐和公园路6号）（图5-2-7）。

4. 折中主义

折中主义其特点为模仿历史上各种建筑风格、自由组合，仅强调比例的均衡和整体美。具较典型折衷主义风格的为爱国路2号（图5-2-8）和塔亭路的中央银行福州分行旧址。

图5-2-2　乐群楼Foochow club in 1870
（来源：布里斯托大学藏黎芳照片集）

图5-2-3　乐群楼

---

① 薛颖. 福州近代城市建筑［D］. 上海：同济大学，2000：34.

图5-2-4　泛船浦天主堂

图5-2-5　英华小礼堂
（来源：福州高级中学官网）

图5-2-6　西林小筑

图5-2-7　振庐

图5-2-8　爱国路2号

图5-2-9　民国时期华南女子文理学院全景
（来源：福建师范大学档案馆）

二、地方传统建筑与西式建筑的共处

中式建筑在仓山历史城区亦有较多分布，既有传统院落式大厝，又有各式柴栏厝建筑。典型的院落式大厝有仓前路的安澜会馆、观井路的罗宅、洪宅等，与五口通商后出现的西式各类建筑共处，形成了有趣的多元建筑集合体。

同样受西方建筑风格影响而形成的土洋结合的"洋脸壳"厝在仓前山地区亦广泛呈现，最为典型的是曾位于公园路的陶园大院。现存典型的有二门里的镀庐。传统柴栏厝亦在不同层度上受到西方建筑影响，如金峰里的金峰别墅、巷下路的吉庐等，形成主体建筑纯木构、平面简化为近代里弄住宅、院门西化等特征。

值得关注的是还有一类较为特殊的建筑——中国式教会建筑。它是西方教会在中国发展的过程中，主动吸收中国传统建筑手法创造的一种具有地域性的建筑风格。这类建筑的共同特点是西式布局与构造，屋顶、细节则采用地方特色的装饰，如华南女子文理学院建筑群（今为福建师范大学校部）（图5-2-9）、塔亭医院建筑等（现为福州市第二医院）即此类典型代表。

老仓山丰富的建筑类型是为福州建筑近现代历程的实物见证，其自然拼贴而构成的独特街区形态与历史特色更是福州城市文化景观多样性的重要组成部分。老仓山历史地区与厦门鼓浪屿虽有着相似的形成背景和风貌，但不同于鼓浪屿以居住为主题的国际性历史社区，老仓山地区则是集合了办公、商贸、文教、医疗、宗教、居住于一体的混合型城市组团，是为国际性的历史城区。

三、独创性的民国红砖厝建筑

如第一章所述，民国"黄金"时期，老仓山地区出现了一种与传统坊巷格局形态相互融合的红砖厝住宅类型（图5-2-10）。其单体建筑不邻街巷，居于基地之中部，四面围以院墙，建筑隐于树林中，设院门与街巷通（图5-2-11）；院门皆讲究以传统牌楼形式为参照进行类比设计，或清水红砖或青砖砌筑。高起的牌楼式院门通过多重如意墙垣与清水青砖院墙相接，隆重而多样；门洞加设石框、上方置灰塑题匾（图5-2-12）。独立式或联排式住宅与传统坊巷相结合的聚居形式，形成了一种适应现代生活的街坊式居住的新形态，我们将其归纳为福州建筑第四种特征类型遗产，并加以保护与再生。

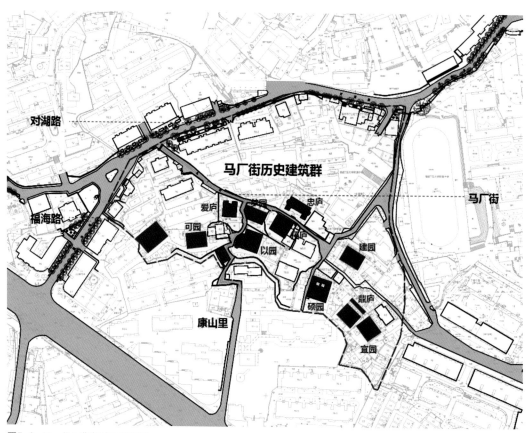

图5-2-10　马厂街红砖厝分布图

图5-2-11　公园路院墙

图5-2-12　马厂街以园

第三节　老仓山历史城区保护与整治

　　社会经济的持续发展加速了城市现代化改造历程，给历史城区的保护带来了前所未有的挑战。诸多反映福州地域时代特色的历史格局、特征风貌、街巷脉络、遗存信息不断受损，甚至消失。

　　老仓山历史城区拥有数量众多的近代西式及民国时期建筑，其呈规律性分布于不同地段：领事馆在对湖、仓前山、乐群路、爱国路一带；学校在麦园路、公园路、对湖路、下藤路一带；医院在上藤路、中藤路、对湖路、上三路一带；教堂则在上渡及海关埠至仓前山一带，中藤路、下藤路，乐群路一带；而洋行、商行、仓库主要在江南桥以东及观井路、观海路、上藤路、麦园路一带。[1]民国时期红砖厝住宅多分布于麦园路、公园路、积兴里、马厂街、进步路等一带。同一时期特征建筑多呈密集且有规划地分布于一个路段，让不同路段体现出不同特征风貌；认知其特征规律，是保护各街巷的历史景观固有个性的前提条件（图5-3-1）。

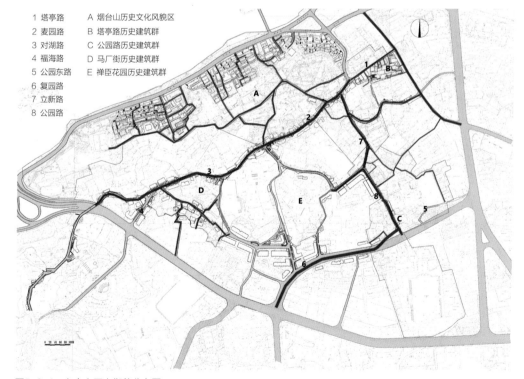

1 塔亭路	A 烟台山历史文化风貌区
2 麦园路	B 塔亭路历史建筑群
3 对湖路	C 公园路历史建筑群
4 福海路	D 马厂街历史建筑群
5 公园东路	E 禅臣花园历史建筑群
6 复园路	
7 立新路	
8 公园路	

图5-3-1　老仓山历史街巷分布图

① 陈东. 烟台名山［M］. 福州：福建美术出版社，2016：96.

保护整治设计还强调针对现状各历史街巷、街坊存在问题的全面梳理：

（1）各街巷两侧房屋大多于2000年前后被改造，历史秩序格局被打破，新旧混杂，风格、色彩杂乱，缺乏整体有机性；

（2）小尺度历史街巷随着私人小汽车拥有量的激增，呈现出人车无序混杂，加之停车位的不足，难以适应居民的生活需求；

（3）历史街巷原有的安定感、融洽的邻里关系所构成的空间场所感渐失。市政公用设施配套缺失、环境品质低劣等，多沦为外来人员聚居区。

为此，我们提出了以历史保护与城市微更新相结合的方法，通过适度的功能置换与人口疏解、补足城市生活配套短板，保护并再生历史环境特色，整体提升宜居性，以重塑老仓山文化景观个性。

图5-3-2 乐群路活力业态

图5-3-3 槐荫里活力业态

一、具体设计策略

1. 梳理现状条件，重构片区整体路网结构层级

保护整饬片区43条传统街巷风貌，依据已编制的《福州传统老街巷保护整治导则》，严格保护永不拓宽的各街巷特征，修复街巷的历史尺度与景观特色。

通过空间梳理、连接断头街巷，重构片区整体路网结构层级，重塑其以东西走向的仓前路、乐群路、麦园路、复园路，和以南北走向的梅坞路-立新路-公园路/进步路-聚合路/马厂街-石岩路-程埔路为主干的四横三纵的片区路网结构，并与历史小街巷紧密连接而形成的如树叶状的层次分明的网络体系。

2. 补充完善市政设施配套，提升片区生活环境品质

改善市政管网，植入消防、卫生等设施，完善片区基础设施配套。利用闲置空间与低效绿化改造为各类停车空间，并通过增设立体停车楼、路边夜间临时画线停车、与周边大型商办共享停车位等手段，缓解了片区停车困难问题；同时通过增设适老化设施、无障碍设施、搭建智慧运维平台等措施，形成高品质完整社区应有的配套体系。

依据街巷自发形成的既有功能组成特征，在不改变现有主体功能的基础上，设计通过保护与活化历史建筑、文物建筑等措施，在补足社区文化活动功能的同时，强化培育混合多元业态的活力街道生活功能（图5-3-2、图5-3-3）。

3. 营造特色空间层级体系

通过历史要素保护与城市微更新相结合的方法，梳理并建构片区层级性的公共空间体系。以烟台山公园、江心岛公园及福州市人民体育场（旧跑马场）

为片区中心建构城市级公共空间；保护与活化相结合，塑造多元活力景观节点，形成社区级公共空间，如石厝教堂、汇丰银行、安澜会馆、林森公馆等，让历史建筑、历史空间成为社区文化客厅、休闲空间；于街坊中增设口袋公园构成密集的邻里空间。重织或成体系的街巷网又将其层次丰富的公共空间有机串连为一体，历史文化与日常生活相连接，强化了历史城区居民的文化认同感与自豪感。

4. 建构文旅体验慢道网络

设计充分挖掘每条街巷的固有特色，保护各街巷一切新的、旧的有价值的景观要素，并加以梳理、编织，再造其一街一特色的历史特征个性。

以人为本，完善街巷设施，满足不同人群的生活需求；通过整合街巷市政设施，塑造高品质宜人的街巷空间环境，建构传统老街巷文旅体验慢道网络，让城市历史文化景观带动并有力促进城市经济发展。

二、老仓山古厝保护与利用

仓前山因其优美的自然景观条件和特殊的地理区位而为开埠后来福州的外国人聚集地，修建领事馆、洋行、教堂、办学校、开医院等，清光绪年间就汇集了30多家外国商行。在此背景下，一批风格多样的近现代西式建筑在仓前山地区拔地而起。与此同时，国内各地商帮、民族资本家亦在此处修建会馆、商行、别墅、公馆，加之当地的传统院落式各类建筑，更令老仓山地区呈现出与古城区、台江地区不一样的建筑风貌和环境特色。

1. 汇丰银行福州分行旧址

汇丰银行福州分行旧址位于塔亭路汇丰里，为英商于1867年所建，是福州最早出现的近现代意义上的银行（图5-3-4）。清同治六年（1867年），汇丰银行在福州设分理处，同治七年（1868年）升格为分行。抗日战争期间，该行于民国三十一年（1942年）迁往重庆市，抗战胜利后又迁回福州复业，1949年10月正式停业。而后转作福州私立塔亭护士学校、市二医院宿舍使用，2009年起作为仓山区文化馆使用。建筑属砖木结构，为地上二层、地下一层的殖民地柱廊式建筑，四面环廊、直线缓坡四坡屋顶。建筑面阔七间（通面宽24米），进深八间（通进深26米），占地面积约680平方米。平面正中为一通廊，入口处设楼梯连接二层。建筑立面分为三段式，顶部西式封檐，檐口挑出不起翘，檐部线条较多，并有方齿形饰物；石材线脚向下层层收分；一、二层外墙采用红砖砌筑，白色抹灰饰面，线条

图5-3-4　1945年的汇丰银行福州分行
（来源：网络）

较丰富；一层外廊开连续的半圆拱券洞，二层设平窗，窗间做壁柱装饰。建筑基座部分为花岗岩砌筑，设有拱形狭小窗洞，作为地下室透气孔。

2. 安澜会馆

安澜会馆位于仓前路5号，在仓前路与解放大桥交叉路口西南，又名浙江会馆、上北馆，始建于清乾隆四十年（1775年），光绪年间扩建，原为浙江人在闽经商及官员、名人聚集之所（图5-3-5）。民国时期曾名"皇宫酒家"，内设舞厅；中华人民共和国成立后作为仓山区环卫所；1988年曾经翻修为仓山区文化馆；2009年被公布为省级文物保护单位。会馆坐南朝北，占地面积约2400平方米，面朝仓前路，前后共二进，依山而建，两侧设附属用房若干。主落正立面空斗砖砌筑，开一正门、二侧门，正门为浙江风格，两侧饰有砖柱，门额书"安澜会馆"，门外石狮两尊，院墙顶部多层砖雕装饰。会馆主体呈中轴对称布局，门内依次为戏台、天井、门厅、正殿、高台、后殿等。戏台为二层，二层顶部有藻井，屋顶为歇山顶。其东西两侧连接二层谯楼。天井南侧上七级台阶至开敞式门厅，面阔三间（通面宽12.2米）、进深一柱（通进深3.2米）、双坡屋顶，与南侧大殿隔有廊道。大殿面阔五间（通面宽18.8米）、进深七柱（进深16.4米），平面副阶周匝，重檐歇山顶，南侧有天井。大殿东、西侧天井处设台阶转折顺地势而上至南侧二进院高台，后殿坐落于高台之上，为双层木构建筑，面阔九间、进深五柱，天井左右两侧有双层厢房。建筑装饰方面，浙江商帮汇集了闽、浙两地的能工巧匠，融闽浙天井地域特色于一体；建筑细部构件精雕细刻，殿前的一对蟠龙石雕和一对凤凰牡丹石柱，是浙江工匠在整块石料上一气呵成的雕刻精品。一进二层谯楼漏花排窗以及斗栱、驼峰、托斗等木构架皆雕刻精美，朱红底描金，极具艺术价值。

3. 石厝教堂

石厝教堂（圣约翰堂）位于乐群路22号，由英国侨民于清咸丰六年（1856年）筹资建设，同治元年（1862年）落成（图5-3-6）。该教堂并非纯粹的传教布道场所，而是外国

图5-3-5 乐群楼向北鸟瞰，可见安澜会馆屋顶
（来源：纽约公共图书馆藏）

图5-3-6 石厝教堂，1871年
（来源：《福州和闽江》）

图5-3-7　修缮前的石厝教堂

人特别是英国人在仓山聚会的场所。建筑朝向南偏东，占
地面积约280平方米，是一座纯哥特式石砌建筑。其外墙采
用扶壁柱，屋架为木桁架，双坡小青瓦屋面。教堂平面近
似"冂"型，无侧廊，由门厅、主厅、侧厅和圣坛等组成。
主厅平面为矩形，东端为凸出的半圆形圣堂。南侧头尾各凸
有一门廊，西南向为主入口门厅，东南为侧厅。教堂南立面
造型丰富，其头尾凸出的门廊各具特色。西南侧的入口门
廊采用哥特式尖券门、科林斯壁柱，尖券上方开有四小尖
券窗；门廊前方左右设有石砌柱墩扶撑，令门廊更显庄重
感。东南角门廊开一尖券小门，门上开一窗，无柱墩与壁
柱。南立面两门廊之间外墙开有两组尖券造型窗，每组尖
券造型由三个小尖券窗与顶部一个花窗组成，两花窗形式不同，分别为三叶花式、四叶花式
（图5-3-7）。教堂西立面设连续三尖券窗，中间高、两侧低，顶部立一尖塔，优雅耸立。东
立面为半圆形龛，开有间隔的三个尖券窗，彩色玻璃装饰；北立面则较为简洁。石厝教堂整
体造型极具艺术感染力，建筑风格纯净、个性鲜明。竖向三段式建筑的基座、墙身、屋顶层
次分明，厚重的柱墩如柱式般控制着建筑的构图。横向构图采用东西两端门廊凸出的方式，
形成节奏感，虚实相向，光影变幻丰富。其造型中采用了大量的尖券，屋顶的小尖塔直刺天
穹，让建筑具有强烈向上的动势，使虽只一层的教堂，却能展现出苍穹冲跃的高耸形象。

4. 林森故居

林森故居位于程埔路与复园路交汇口东北侧七星巷2号，建于20世纪20年代，是曾任
国民政府主席的林森公馆。1949年后，该建筑主楼、副楼先后为解放军某部一医疗队使
用。数年后医疗队迁出，林森故居产权收归国有。该建筑于2009年被公布为福建省文物保
护单位。建筑坐西朝东，占地面积380平方米，为带有外廊式风格的三层砖木结构建筑，由
主楼、副楼组成。主楼东侧入口处为双柱式柱廊，中部为大厅和后厅，左右为厢房；南侧设
楼梯通往上层，二层大厅为古董陈列室，三层屋顶为歇山顶。立面以清水青砖墙为主，各层
腰线饰有砖叠涩线脚，主立面二、三层窗形式各异，侧立面则以矩形窗为主，窗扇均附设
木百叶。主楼西部贴建有附属建筑，西南角设有露台。副楼位于主楼北侧，距离主楼仅1.5
米，占地面积约40平方米、矩形平面，四坡屋顶，楼梯设于西侧，每层仅设有一间房间。
主楼、副楼外围设有高耸青砖院墙，院墙东南角为一内凹式入口门楼，门楼造型颇具特色，
其与院墙衔接处逐级升起，拱形门洞顶部饰有放射状、呈倒八字形线条，最上方饰水泥粉刷
栏杆望柱。2012年仓山区政府对林森故居进行保护修缮，在保留其历史特色的同时，活化
利用为仓山区图书馆林森绘本分馆，并成为城市公共文化空间。

三、老仓山历史城区保护与整治

老仓山历史街巷除连接解放桥（万寿桥）、江南桥之观井路与上、中、下藤路为福州府城南驿道外，其他街巷多为乡村田间小道演变而来，主要为民国时期大规模市政建设的成果。中华人民共和国成立后，六一南路的建设将完整的历史城区切分为东部的海关埕、壁头片区与西部的仓前山片区；而1990年后开启的旧城改造令东部片区仅存续泛船浦教堂、下藤路地段及海关巷名称，西片区的观井路、上藤路以东的地段历史特征现也不存。今称老仓山历史文化风貌区的范围为上藤路以西、仓前路以南与上三路以北所围合略呈三角形的地段，占地面积约1.7平方公里，其核心区由北部的烟台山历史文化风貌区、塔亭路历史建筑群、公园路历史建筑群（包括象山里、积兴里、复园路历史地段）、马厂街（包括康山里）历史建筑群组成（保护核心区占地面积约30公顷），同时还有连接各历史地段的历史街巷，如东西向主路塔亭街—麦园路—对湖路与福海路，公园东路—复园路，南北向主路立新路—公园路和其他街巷，如万春巷、三一巷、巷下路、象山里—积兴里、槐荫里—进步路—公园西路、透湖路、复园路、马厂街、复园支路等所构成的历史街巷网。下文以立新路、麦园路保护整饬以及塔亭路历史地段保护活化为例，阐述历史保护与城市有机更新的具体设计思路。

1. 立新路

立新路北接塔亭路—麦园路、通过梅坞路向北连接起观井路，南端连接公园路与公园西路，全长416.9米、宽2.8~7.0米；夹道古树耸立，沿线历史建筑有鲁贻图书馆、闽海关副税务司公馆旧址、白鸽楼及立新路6~8号别墅、18号罗园等，沿街零星分布有低层商业；路东侧为麦顶小学与仓山小学，拥有良好的历史人文基底，充盈着静谧的生活氛围。设计对整条街巷进行了详细的历史与环境要素梳理，保护修缮历史建筑，或保持历史建筑原功能（如鲁贻图书馆），或植入新功能（如海关副税务司公馆旧址），以焕发街道活力；严格保护街道格局和尺度，保留其走向与宽度，修缮历史建筑的界面、改造不协调的建筑立面。对于沿线围墙及建筑整治提升，设计提取地段的建筑类型与构造元素进行类比演绎，强调在突出其各建筑的年代特征的同时，利用增置砖叠涩线脚等手段，建筑以红砖为主要材色、围墙以青砖为主要材色。构成街道的特色设计母题，以强化立新路的整体历史特征（图5-3-8、图5-3-9）。

其次，在施工初期，我们对已被破坏的街巷界面进行墙面的整体剥皮和清洗，将整体保存良好、无安全隐患的墙体进行勾缝处理；对于有安全隐患的墙体予以构造补强；具有历史风貌或与历史风貌相协调的界墙，基本不作处理，仅对破损处进行修缮。修缮墙体尽可能地采用旧砖旧瓦，但对更新改造部分则采用新材料、新工艺，在"修旧存真"的同时，体现"与古为新"。

　　由于民国红砖厝住宅的独特布局形态，其呈现于街道的界面景观多为院墙与点缀其间的院门，院门成为立新路特色景观的重要元素；院门与院墙组合一起构造了街道连续的景观界面，设计强调以红砖为基调的院门，两侧院墙则使用青砖或点缀以红砖的素雅基调的整体特色氛围。存续较好的院门以清洗、整治为主，尽可能保证街巷的原真性；对于简陋无特色的院门则以红砖、砖叠涩线脚、西式拱门等老仓山近现代建筑特征元素进行重置，以彰显其街道的文化景观个性（图5-3-10、图5-3-11）。

　　2. 麦园路与对湖路

　　麦园路东起塔亭路、立新路与梅坞路交汇处，西到南北走向的进步路与槐荫里处，与对

图5-3-8　整治前的立新路　　　　　　　　　　　　　图5-3-9　整治后的立新路

图5-3-10　整治前的居安里坊门　　　　　　　　　　图5-3-11　整治后的居安里坊门

湖路相接，塔亭路（东段）—麦园路（中段）—对湖路（西段）是为老仓山历史城区之东西向主干街道。民国时期，塔亭路及周边办立了中国银行、中央银行分行与汇丰银行、美丰（美）、东南（法）四家外资银行[①]，以及沈绍安脱胎漆器店等商行，成为福州的金融、商业中心。麦园路、因其东南向大帽山一带旧时为麦园，故名。原为藤山南麓一条山间小道，清咸丰九年（1859年）始，外国人在其周边修建各类建筑，筑起了土路。民国时期及1949年后历多次拓建，现路长380米，宽约8米，两侧部分路段仍连续存续着历史特色建筑，以英式多时期风格的红砖建筑为主，主要文物建筑、历史与风貌建筑有：东端北侧荷兰领事馆旧址（今仓山影剧院）（图5-3-12）、美国领事馆旧址，南侧与立新路交叉口的鲁贻图书馆（图5-3-13）、居安里内的清邮政司官邸，以及麦园路北侧68号英华中学教师公寓、66号陈庐、80号施宅、94号陈宅等私宅和麦园路29号、22-48号店铺等。

麦园路西接对湖路，于马厂街交接处分叉出对湖路、福海路，福海路向南通上三路，与上三路路南的岭后街连接，而对湖路继续向西南跨过上三路连接鹅头凤岭路，将华南女子学院（今福建师范大学）有机串联起来。相传古时有两湖隔路相对，故名对湖路[②]。现今为学校集中地，分布有福建师范大学附属中学、福州高级中学、福州第十六中学、福建师范大学附属小学等。其最重要的文化遗产为路南侧的马厂街（包括康山里）历史建筑群，独幢或联排的民国红砖厝密接成组群，如马厂街8号硕园、4号拓庐、17号建园、12号鼎庐、22号宜园、11号青砖楼忠庐、康山里1号爱庐、5号可园以及12号以园等，每栋建筑均以青砖院墙围合，院内绕以花园，故多以"园""庐"命名；院墙连绵，牌楼式院门间隔其间，构筑了独特的坊巷人家、清幽雅静的居住氛围。

图5-3-12　仓山影剧院

图5-3-13　鲁贻图书馆

① 福州市政协文史资料委员会. 烟台山史话［M］. 福州：福州海峡书局，2014：23.
② 福州市政协文史资料委员会. 烟台山史话［M］. 福州：福州海峡书局，2014：13.

整治设计强调其历史氛围的保持，完善市政配套、补植绿化、整饬院墙、院门，延续其以居住为主体的功能，适度活化利用，以增强街区的感知魅力。而对湖路因沿线两侧建筑已多被改建为多层住宅与办公建筑，设计则讲求其与麦园路整体街道环境空间、特征风貌有机连贯性的重构。

麦园路沿线虽掺杂着许多不协调建筑（图5-3-14~图5-3-16），但众多英式红砖建筑仍相对连续存留，构造了麦园路独具个性的街道空间场所特性。设计通过清理严重影响风貌的违章搭建以及空调架与店牌店招，以显现历史建筑的固有特征。对不协调建筑我们以红砖色与暖白色为主基调，新置的灰绿色或鼠灰色的金属盔顶、空调器装饰架以及门窗为辅助色，并发展为一种设计母题，对其整饬，强调精致、富地段特色的街道氛围塑造，修复其具有复合功能的生活性街道的情趣。

不仅如此，在整治过程中，设计注重细致入微的人性化细节表达，如最大限度地保证街道人行道宽度，以可容纳一位母亲推着婴儿车顺畅通行为下限。增加户外的休息座椅和必需的市政设施，营造整洁的公共环境。

图5-3-14　整治前的麦园路

图5-3-15　整治前的麦园路

图5-3-16　整治前的麦园路

图5-3-17　红砖楼与白墙

图5-3-18　红砖楼与成荫绿植

中西合璧的老建筑、枝繁叶茂的高大乔木以及生活在其中的人们，共同构筑了一幅独特的老仓山画卷（图5-3-17、图5-3-18）。保护老仓山历史地段真实而丰富的历史文化遗存、历史信息及其完整的历史环境，保持其整体真实性，保护和延续老仓山历史地段整体的空间尺度特征、街巷风貌与肌理以及相关的地域建筑特色，使其成为福州城市发展的历史见证是我们的责任。

3. 塔亭街

塔亭历史街区位于烟台山历史文化风貌区东南，占地面积约为1.43公顷，东侧至上藤路，北邻塔亭路，以塔亭路为枢纽，西南邻接麦顶小学，由二门里、三门里、席店弄、上池弄、观音佛弄、省新弄等小巷弄构成梳篦状街区格局；因其地势总体呈西南高、西北低，南北向小巷弄多为"天阶"式景象，极富体验意趣（图5-3-19）。

塔亭路，位于梅坞顶，原名雁塔境，旧时为下渡藤山的小山包"雁峰"之顶，后以旧址延寿塔和塔边之亭而得名塔亭。据《藤山志》记载，五代时闽福王通文年间，孝女陈三娘于雁峰之脊建"延寿塔"，祝亲延龄；塔亭则为延寿塔旁远行者休憩之所。历经宋、元、明、清四朝，塔至今犹巍然独存。[1]至民国乙丑（1925年）年间，为修筑上藤路，因塔在路中便被拆移至路旁，损毁于"文革"时期，今亭废而名存。五口通商后，因近领事馆区，塔亭路商业繁荣，是当时福州有名的银行街，其中较为著名的有福州第一家银行——汇丰银行福州分行，此处还有民国时期的中央银行福州分行等（图5-3-20）。

塔亭街区是中西多元文化共生的历史特征地段。受外来文化影响，其建筑形式大多融入了西式元素，总体呈现出"洋脸壳"厝形式，而建筑内部则主要为中式传统木构式。同时，受地缘因素影响，街区整体呈现出显著的山地街坊特征，建筑布局大多顺应地形地势与街巷走向，呈不规则形状；而建筑屋顶多为四坡顶或多种屋顶形式组合，构造了复杂而独特的第五立面肌理形态，是福州历史建筑特征地段之孤例。

街区建筑遗产存续丰富，内含8处文物建筑（其中1处为省级文保建筑）和19处历史建筑。主要有沈绍安第五代传人沈幼兰开设的"沈绍安兰记"脱胎漆器店、国民中央银行福

① 蔡人奇. 藤山志 [M]. 福州：海潮摄影艺术出版社，2002：21，23，123.

图5-3-19　修缮前的基督教明道堂

图5-3-20　修缮前的塔亭街沿街建筑

图5-3-21　修缮前的
沈绍安兰记脱胎漆器店

州分行、万春仓山警察分局、英国圣公会基督教明道堂、明道堂附属楼等优秀近现代建筑遗产。

兰记脱胎漆器店位于塔亭路53号，为福州脱胎漆器大师沈幼兰创建的"沈绍安兰记"脱胎漆器店旧址（图5-3-21）。兰记脱胎漆器造型轻巧高雅，富丽堂皇，畅销海内外。兰记脱胎漆器店为福州传统脱胎漆器工艺的重要历史载体，建于民国十一年（1922年），1949年后转为民居，2013年被公布为省级文物保护单位。建筑占地面积约260平方米，坐南朝北，为顺应地形变化与道路走向，平面呈不规则形状。建筑为三层砖木结构的"洋脸壳"厝建筑，临街为折中主义风格立面。门面面阔三间（通面宽9.8米），红砖砌筑，水泥砂浆饰面，采用多种西式元素修饰细部，精致典雅。沿街各层门窗均设有门、窗套，一层采用拱形门套，二层窗套的拱形顶变换为三角形，三层则为矩形。二、三层中部凸有阳台，阳台支撑构件与栏杆均采用曲线形设计。横向叠涩线脚将立面分为一层和二、三层两个部分，二、三层通高的柱式令建筑具有整体挺拔感与动感。建筑内部空间依照传统中式院落布置，中部有天井（面宽6米，进深1.6米），四面环廊，其上置玻璃采光顶棚；天井西侧设楼梯连通上层，南侧为并排的办公用房。屋顶为多个四坡顶组合，仅沿街部分为双坡顶。

国民中央银行福州分行旧址位于塔亭路69号，建于20世纪30年代中期（图5-3-22）。中央银行福州分行成立于民国十八年（1929年），行址最初设于台江中选路十四桥，民国三十四年（1945年）抗战胜利后从重庆回榕，在塔亭路35号新址（即现址）复业。1949年后，该址先后作为仓山糖烟酒商店、仓前文化站娱乐中心使用。建筑坐南朝北，占地面积约420平方米，北临塔亭路、东侧为上池弄，由砖木结构的主、副楼组成。北侧主楼临街，面宽13.6米、进深14.2米，高四层，首层主体部分为无隔墙开敞空间，东侧为交通空间，四层顶为四坡顶屋面。1950～1960年间，建筑顶层增建了木结构二层瞭望塔，作为监视附近区域火情之用。副楼位于主楼南侧，中间隔有2.6米宽的天井。副楼面宽13米，进深12

图5-3-22　修缮前的中央
银行福州分行旧址

图5-3-23　修缮前的万春仓山警察分局旧址

米，楼高三层，西侧设楼梯连通上层，为歇山式屋顶。外墙由青砖砌筑，砖叠涩线脚装饰，沿街主立面东向第一开间装饰华丽，出挑阳台颇具巴洛克意韵，门窗、栏杆等造型独特，整体具折中主义风格。

　　万春仓山警察分局旧址位于塔亭路73号（塔亭路与梅坞路交叉口），建于20世纪20年代后期（图5-3-23）。该建筑曾经有多种用途，大部分原为日本人下枝茂雄的产业，1943年以敌产收归国有，作为仓山区第五警察署使用。据《仓山区志》记载，仓山警察分局是民国六年（1917年）设立的福建省会警察亭仓山地区第五警察署，民国二十九年（1940年）福州设市，改为警察分局。[①]1949年后，该建筑改为居民住宅，底层为商铺（仓山文化用品商店）。建筑占地面积约120平方米，坐南朝北偏西，为朴素的红砖外墙英式建筑风格的三层砖木结构建筑，平面不规则，面阔15～18米，进深6～8米。建筑竖向交通组织独特，二层空间需通过建筑西侧外部台阶进入，二、三层则通过建筑西南侧楼梯联系。建筑装饰朴素，红砖砌筑外墙，沿街北立面为四开间，矩形门窗，各层檐口采用传统砖叠涩形式的装饰线脚，顶部青、红砖交替叠涩。首层西北转角处的拱形雨棚为其一大特色，门额上可辨认出"福州警察局仓山分局""雪鸿照相SUEK HUNG STUDIO"等字样标牌。

---

① 仓山区志编纂委员会. 仓山区志［M］. 福州：福建教育出版社，1994.

四、有机整合，重塑片区活力

改革开放后，随着城市经济发展城市化进程加快，大量拆旧建新的旧城改造对老仓山特色风貌造成了相当程度的破坏。2002～2003年，中洲岛开发为步行购物岛，后又转变为小商品批发市场；2004～2007年，公园路北段、程埔头、岭后及塔亭路北汇丰弄一带，先后进行了旧城改造，建成高层住宅组团；2009年，为建设南江滨大道，海关埕、泛船浦、观井路一带的历史建筑基本消失[①]。原本连续成片的老仓山建筑群在城市化进程中渐渐被现代建筑替代、割裂，其不协调的体量、高度以及不相称的外观，让历史上完整有机的老仓山历史风貌呈碎片化。万幸的是，在此拆旧建新的浪潮下，仍相对完整地保存下来了烟台山、马厂街、公园路、积兴里、塔亭街等几片历史风貌片区或建筑群。

随着历史文化遗产保护意识的不断提高，有幸存留下的这几片历史地段陆续开启了保护整治工作。我们将其作为老仓山历史文化风貌区整体进行保护与有机更新，在修复历史地段的同时，注重周边不协调地段的整饬与整体人居环境的改善。近年来，设计团队从单体文物及历史建筑修缮与保护利用开始，与同济大学国家历史文化名城研究中心合作完成了老仓山片区保护规划，并于2012～2020年先后完成了麦园路、马厂街与立新路等多条历史街巷的保护整治设计，2020年又完成了泛船浦周边及先锋村城市更新设计，2021年完成了老仓山历史片区完整街区的城市有机更新方案设计。

烟台山历史文化风貌区以房地产开发企业为主导，历经多年保护与更新已初见成效；爱国路以南至上三路的老仓山历史城区，则由仓山区政府结合城市双修与老城有机更新的保护活化模式，持续实施。多年来，通过保护活化与有机更新、产业振兴等措施，一定意义上修复了老仓山历史意象，并切实有效地提升了老城区的人居环境品质，促进文旅产业的发展。老仓山历史城区的整体保护与有机整合工作还在持续进行中，设计与实施以六一路为中枢纽带，将东西向的观井路、观海路和朝阳路、公园东路与大坪路、上三路与三叉街进行连接，重新将把仓山历史文化风貌区串合为有机整体：以上、下藤路为历史轴串合东侧泛船浦片区与西侧仓前山片区，片区内又以丰富的历史小街巷进行历史连接，共构起老仓山历史城区旅游体验的慢道网络，再造特色鲜明并充满文化景观个性的城市特征区，让老仓山重新焕发生机与魅力。

---

① 福州市政协文史资料委员会. 烟台山史话 [M]. 福州：海峡书局，2014.

图5-3-24 汇丰银行

汇丰银行外观

主立面

二层外廊

二层室内空间

一层室内空间

外观一角

外观细部

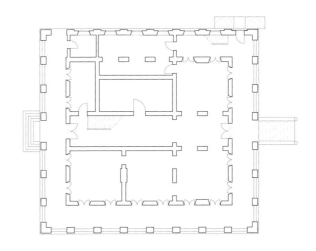

0 1 2 3 4 5m

平面图

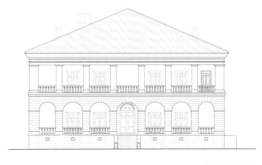

0 1 2 3 4 5m

立面图

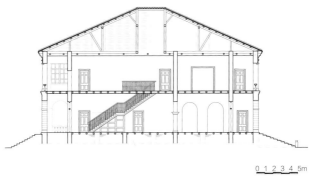

0 1 2 3 4 5m

纵向剖面图

图5-3-25 安澜会馆组图之一

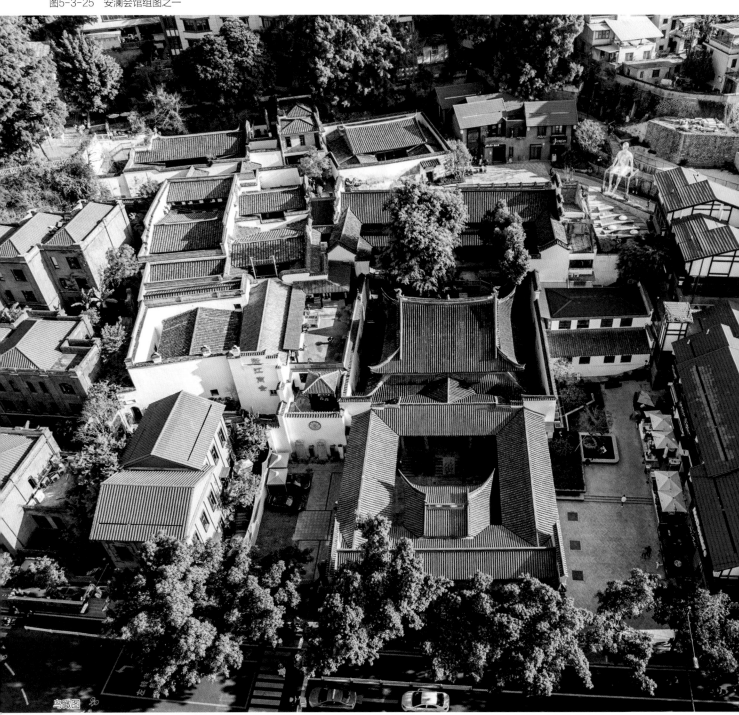

鸟瞰图

入口细部

大殿檐口细部

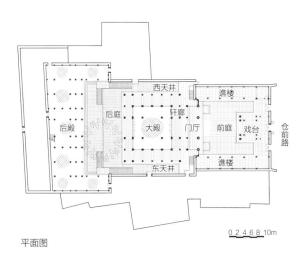

平面图

0 2 4 6 8 10m

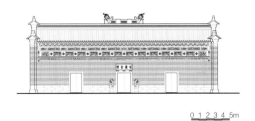

沿仓前路立面图

0 1 2 3 4 5m

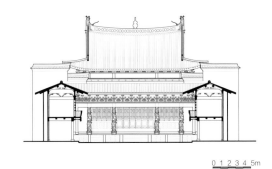

横向剖面图

0 1 2 3 4 5m

纵向剖面图

0 2 4 6 8 10m

图5-3-26 安澜会馆组图之二

沿仓前路主立面

前庭空间

前庭戏台

大殿前轩廊　　大殿东轩廊

图5-3-27　石厝教堂

主入口

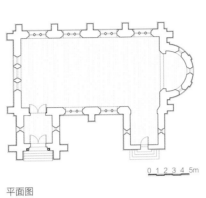

平面图

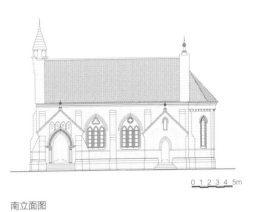

南立面图

西侧外观一角

西南侧外观

图5-3-28 林森故居

沿复园路外观

主副楼正立面   入口门楼   主楼外廊

沿程埔路外观

3楼二层室内空间　主楼门厅

平面图

剖面图

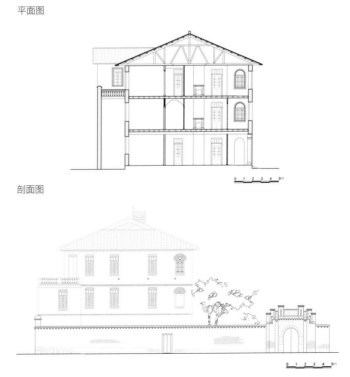

沿复园路立面图

图5-3-29 塔亭历史街区

1 万春仓山警察分局旧址
2 仓山区委宿舍旧址
3 万春懋安漆器店旧址
4 国民党中央银行福州分行旧址
5 基督教明道堂
6 万春明道堂附属楼
7 沈绍安兰记脱胎漆器店
8 下池弄2号
9 下池弄3号
10 下池弄4号
11 万春塔亭路郑宅
12 塔亭路37号
13 塔亭路31、33号
14 二门里5号
15 塔亭路35号
16 二门里4号
17 观音佛弄36号
18 下池弄17号
19 下池弄11号
20 窑花井54号历史建筑（迁建）
21 省新巷9号
22 省新巷10号

23 省新巷8号
24 镀庐
25 上藤路118号
26 上藤路110号、114号（迁建）
27 上藤路128号
28 上藤路130号
29 上藤路124号（迁建）
30 上藤路126号（迁建）
31 观音亭
32 坊门
33 配套用房

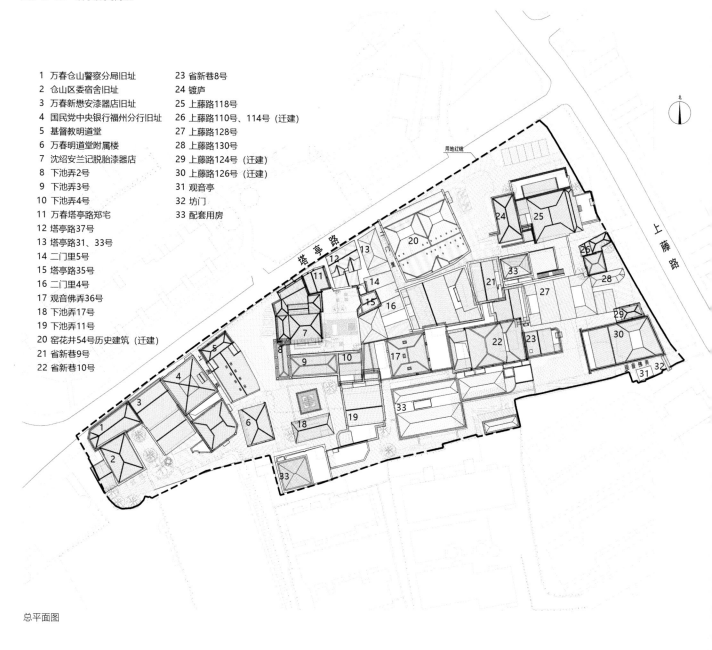

总平面图

塔亭路外观

立面细部

中部天井

细部构造

国民党中央银行福州分行

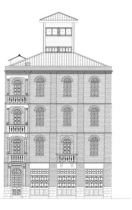

塔 亭 路

平面图

沿塔亭路立面图

图5-3-30 万春仓山警察分局旧址

沿塔亭路外观

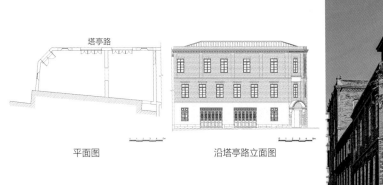

塔亭路

平面图　　　　沿塔亭路立面图

西北转角外观

门窗细节

图5-3-31　立新路、进步路整治后

立新路中段西侧

进步路

立新路坊门

第六章

马尾船政文化园

第一节   马尾船政概况

马尾地处闽江下游北岸，隔江与长乐营前镇相望，负山面水。自西而东的闽江于南台岛西北端淮安头分为二岐，北岐曰台江、白龙江（俗称闽江），南岐曰乌龙江，汇流至此续向东入海，曰马江。马江之名，最早见载于宋《三山志》中："闽安镇港，源出处州龙泉……中流至洪塘，岐为二：北行者为南台江，纳北山众流，过鼓山；南行者，合马渎江，纳永福溪、金崎江、螺洲，合大义江、濑江，出西峡门，合琅琦江；会鼓山之派，经石马、鸡屿洋，抵东峡，二十里入海[①]"。马渎江即马江（马尾）。明《闽都记》曰："马江在江右里，南台、西峡皆汇于此。江心有巨石如马头，潮平则没，潮退则现，故名[②]"。因此，马江又称马头江、石马江，今通称马江为马尾。马尾西距福州市区约25公里，东距闽安镇港10公里，距闽江入海口约30公里；陆地呈三角形突于江中，西北高而东南低，清末开发前，陆地面积仅约4.6平方公里，然水深，实可开发为东南沿海之良好军港及商港地。是故，清同治五年（1866年）闽浙总督左宗棠相中此地并奏请朝廷创办福建（马尾）船政；加之闽安镇港及琴江在此之前已组建了我国最早的海军部队——福建水师，以及建造大型船只的优势技术条件和闽海关（包括闽安分关）的雄厚财政，清朝廷准予创办，并任命在三坊七巷家中丁忧的江西巡抚沈葆桢为船政大臣，总理福建船政其权。

福建船政设厂造船、建前后学堂培养制造与驾驶人才、设绘事院设计船舰、设艺圃培训技术工人、建强大海军以固疆、任命船政大臣署理船政系列事务。福建船政局集工业系统、教育系统、军政系统与社会系统于一体，成为近代我国自强救国洋务运动的重要实践地，开创了历史上众多第一，是中国近代史上第一个造船业之基地、中国航空业之摇篮；其所创办的船政学堂为中国近代第一所高等实业学堂，更重要的是船政学堂培养了一大批在中国近代史上具有重要影响的人物，亦让马尾从小渔村一跃成为近代福州城市具有重要特色功能的城区。

一、建筑风貌特征

船政文化园范围东至一号船坞，东北邻婴脰山，西北达官街，西侧和南侧止于闽江，包括罗星塔公园、马尾船政文化广场、昭忠祠及烈士墓、马限山公园、旧港造船厂区及其北部三角用地（格致园）、官街历史建筑群等，总占地面积约99.1公顷（图6-1-1）。

① （宋）梁克家. 三山志 [M]. 福州市地方志编纂委员会，整理. 福州：海风出版社，2000：63.
② （明）王应山. 闽都记 [M]. 福州市地方志编纂委员会，整理. 福州：海风出版社，2001：106.

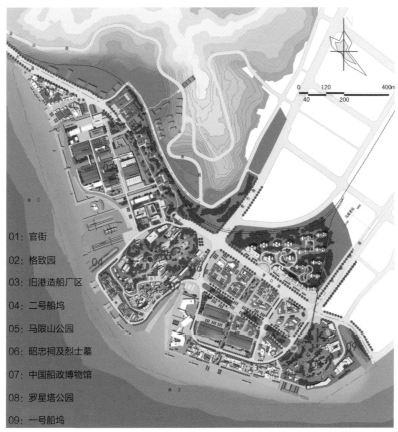

01: 官街

02: 格致园

03: 旧港造船厂区

04: 二号船坞

05: 马限山公园

06: 昭忠祠及烈士墓

07: 中国船政博物馆

08: 罗星塔公园

09: 一号船坞

图6-1-1 船政文化园规划
总平面图

1. 罗星塔公园

罗星塔公园位于马尾南端之罗星山。罗星山原为马尾闽江中的一块岩礁，曰罗星岛（福州方言为磨心岛），后因江水退，岛与岸联，形成现今罗星山之地貌。其山顶存续有始建于南宋的罗星塔。据《闽都记》记载："罗星塔屹立江心，镇会城水口，称罗星云。俗呼磨心，以在水中央也。塔为宋时柳七娘所造。七娘，岭南李氏女，有色，里豪谋夺之，抵其夫于法，谪死闽南。七娘斥卖其产入闽，捐资造塔，以资冥福[1]"。明万历年间，原塔于海风中倾倒。明天启四年（1624年）在原址上以花岗石重建为七层八角形仿楼阁式石塔，高31.5米，塔座为直径8.6米的须弥座，塔内设石阶通连至顶，各层均有拱形门洞，二层以上设石栏杆，塔顶嵌有塔刹。罗星塔为马尾古代港口的重要航标之一，亦是闽江门户的标识，素有

---

[1]（明）王应山. 闽都记 [M]. 福州市地方志编纂委员会，整理. 福州：海风出版社，2001：106.

"中国塔"之盛誉。

2. 昭忠祠及马限山梅园建筑群

清光绪十年（1884年）为了祭祀在中法甲申马江海战中牺牲的烈士，船政大臣张佩纶奏请朝廷修建昭忠祠。祠内现存的石碑《特建马江昭忠祠碑》记叙："皇上御极之十年，法人侵越南不得逞，而以巨舰袭闽之马江。……然是役也，诸船誓死苦战，炮弹所及夷船叠洞，其酋亦负重伤，卒及于死。……请于马江建专祠，以妥毅魄。……祠负山面江，广八尺有三尺，深减九尺，五楹并列，巍然奂然[①]"。昭忠祠为福州常见的祠庙式建筑，位于马限山东南麓，昭忠路与港口路交接处。其正立面为"凸"字形的门墙式牌楼门，入正门为三面环廊前庭接前殿，前殿面阔五间，当心间为敞厅，其屋架升高作歇山式屋顶，天花饰有藻井。前殿隔后天庭为祠厅。祠厅面阔五间、进深五柱，内祀甲申中法海战、甲午中日海战中殉国的海军将士碑牌，梁上悬有萨镇冰题、沈觐寿书之"碧血千秋"与马尾造船厂供奉之"忠昭华夏"的匾额。前后庭井回廊内陈列有昭忠祠碑和记叙战事、烈士战绩等内容的碑刻。祠西侧花厅内有荷花池，池北建二层追思亭，亭旁设登山道，由此拾阶而上可至梅园阁、中坡炮台与梅园英国副领事馆建筑群。花厅续西为马江海战烈士墓，墓埕前立有碑亭，碑上镌"光绪十年七月初三日马江诸战士埋骨之处"，墓后山崖上镌有"仰止""蒋山青处""铁石同心（海军名将李鼎新题）"等摩崖石刻。1996年，昭忠祠、烈士墓及马限山中坡炮台被国务院公布为全国重点文物保护单位。

英国副领事馆建筑群建于1860年，由副领事馆、梅园监狱、圣教医院院长公寓、圣教医院组成，前三者位于山顶，圣教医院在马限山西南麓。英国副领事馆平面呈"凹"字形，南面通面设柱廊，是为典型的福州近代外廊式建筑（图6-1-2）。屋顶采用西式四坡屋面，福州传统小青瓦铺设，其富有特征的是檐口与外廊部分，檐口以条石仿中式传统之封檐板与椽条，檐下为平砌一皮青砖过渡，再以平砌红砖八皮（其中上下两皮外凸）形成装饰框堵，令整体素雅的建筑充盈着生机。框堵下又为青砖平砌，第四皮青砖外凸，之下皆为青砖平砌墙身，青红砖形成颇具地方特色的檐部构成。而外廊过梁仿地方传统木构建筑之梁枋雀替，有机结合檐口用青、红砖组合的叠涩线脚装饰，墙身清水青砖砌筑，外廊内侧墙门窗采用砖拱造型，窗台加条石凸缘，外门窗均采用活动百叶窗；建筑勒脚以整石砌筑，高出室外地面约0.4米（三至四级石阶），台基部分间隔数米留有通风防潮之洞口。建筑整体延续早期殖民式外廊建筑特征的同时，更加讲求地域特征的呈现。梅园监狱则结合山地特征，设置了局部半地下之空间，平面呈不对称的"凸"字形布局。上部为监牢及办公，东面及南面设有

---

① 引自昭忠祠内《特建马江昭忠祠碑》石碑刻文。

图6-1-2 英国副领事馆
（来源：《船政志》）

图6-1-3 梅园监狱
（来源：《船政志》）

"L"形的宽敞柱廊；下部顺应山坡地形设地牢于柱廊下，空间封闭，仅留几个高窗式的方形透气孔。建筑屋顶由多个四坡屋面和平屋顶女儿墙组合，地下室露明部分为整石砌筑，上部外墙以清水青砖墙为主。柱廊拱券门洞及檐口局部线脚采用清水红砖砌筑，柱础、柱头与矩形门窗楣则采用条石，立面造型精致典雅，具有强烈的福州本土特色（图6-1-3）。圣教医院院长公寓由西侧近方形主体建筑与东侧"一"字形附属建筑组合成"L"型形态。附属建筑为局部二层的外廊式四坡顶建筑，外廊柱采用木柱与石柱础。主体建筑外观为三段式，台基以整石砌筑，高约0.5米，西侧伸出约2米平台作入口平台，室内地面木板铺设；屋顶采用西式四坡顶，铺设福州传统小青瓦，檐口饰以圆弧线脚与叠涩线脚；外观呈壁柱式，于柱间开落地门窗，外墙皆粉以白色，建筑整体造型简洁，仍具有早期殖民式外廊建筑的特征（图6-1-4）。而位于山脚的圣教医院则依山而建，均采用四面坡屋顶，外墙由清水青砖砌筑，西侧楼开竖向窄长窗，檐口线脚青砖叠涩；东侧楼首层开落地拱形窗，二层开矩形窗，檐口饰以简洁的曲线线脚（图6-1-5）。

图6-1-4 圣教医院院长公寓
（来源：《船政志》）

图6-1-5 圣教医院
（来源：《船政志》）

3. 马尾船政造船厂旧址建筑群

船政造船厂于清同治五年（1866年）动工，至同治七年（1868年）建成，包括船政十三厂、前后学堂、绘事院、艺圃等在内的建筑物八十余座[①]（图6-1-6）。清末至今，由于多次战争与历史等因素，船厂内多数建筑已不存。现存建筑多为钢木结构坡屋顶，外墙为清水红砖墙，如轮机车间、绘事院等。轮机车间为法国近代厂房风格的单层砖与铁木结构建筑，双坡屋顶，三角山花饰面，外墙清水红砖砌筑，设砖拱券落地门窗，2006年经修复活化利用为马尾造船厂历史陈列馆（图6-1-7）。绘事院外墙亦由清水红砖砌筑，墙面为壁柱式，屋顶为四坡顶结合大理石饰面女儿墙样式，檐口为花岗石叠涩线脚，现利用为马尾造船厂厂史陈列馆（图6-1-8）。轮机车间与绘事院均建于1867年，2001年被列为全国重点文物保护单位。"在世界各国船厂中，轮机车间、绘事院这类建筑极为罕见，而绘事院更是见

图6-1-6　船政十三厂
（来源：《船政志》）

图6-1-7　修缮后轮机车间

图6-1-8　修缮后绘事院

---

① 林萱治. 福州马尾港图志［M］. 福州市地方志编纂委员会，整理. 福州：福建省地图出版社，1984：2-15，53.

证中国新式教育开端的唯一实物建筑[①]"。

4. 官街历史建筑群

马尾旧镇在清末船政创办后，由原来的小渔村逐渐演变形成庞大的船政官员与工人工作生活的以产业为主导的城区。在船政创办之初，船政局就于厂区北侧建造了宿舍和商铺等配套建筑，称为"官街"，后逐渐发展为生活性街区，即今日的马尾镇区。民国十九年（1930年），马尾镇发生火灾，烧毁了大部分房屋。主要街道在1931年开始重建，并于1932年完工。20世纪30年代中期，随着水运的繁荣，这里陆续开设了银行、绸布、医药、金银、饮食、理发等170多家商店，被誉为福州的"小上海"。但20世纪90年代的旧城改造，马尾旧镇的不少老建筑已经消失，现仅官道（官街）至码头两侧的部分民国时期建筑存留下来。

官街位于造船厂旧址区北侧，面积约3.5公顷，涵盖马尾前街、后街、联安支路、联安二支路等几条传统老街巷。该片区内已列入福州历史文化名城保护的历史建筑群，包括一处市级文物保护单位马江会议旧址——潮江楼（图6-1-9），以及88栋未定级文物保护单位，但现存老建筑多年久失修，甚至已为危房。北面沿江滨东大道南侧与联安支路两侧的建筑已被改造为6~9层的现代商住建筑（图6-1-10）。官街内存续的历史建筑多为联排式2~3层建筑，底层为商铺，上层用于居住；建筑采用砖混结构，立面以清水青砖或饰以水刷石的壁柱式女儿墙为主，女儿墙内为缓坡直线四坡顶；檐口砖叠涩线脚样式较为丰富，局部线脚辅以红砖一层。首层店门宽阔、二层窗户瘦长，窗框有尖券、拱形、平过梁等多种形式，整体风格为典型的福州民国时期建筑特征，但更为简约。

图6-1-9 潮江楼
（来源：《船政志》）

图6-1-10 官街存续的部分历史建筑

---

① 沈岩. 船政志 [M]. 福州市地方志编纂委员会，整理. 上海：商务印书馆，2016：234.

二、船政文化城项目历程

1998年6月，马尾区政府建成了中国船政博物馆。2001年，福州市规划设计研究院对位于园区马限山公园内的英国副领事馆、梅园监狱与圣教医院院长公寓等建筑进行保护修缮设计。2004年，福州市委市政府在以船政文化为特色文化带动旅游的指导思想下，委托我院规划并分期实施了福州市马尾船政文化主题公园的规划设计，包括罗星塔公园、马限山公园、船政文化广场等保护整治工作。2011年，马尾区政府委托清华大学吕舟教授团队编制了《福建船政建筑及遗址保护规划》。2012年又委托清华大学建筑设计研究院编制《马尾中国船政文化城总体概念规划》、委托中船九院编制《马尾造船厂旧址保护利用修建性保护规划》。2013年，"马尾·中国船政文化城"正式定名，并连续两年列入"福建省文化产业十大重点项目"，其重要性和知名度逐步提升。在省市各级领导的关注和推动下，福建船政文化的研究逐步深入、内涵逐步扩大、遗产保护的思路亦逐步清晰。2013年12月，马尾区福州中国船政文化建设管理处委托我院对之前的相关规划进行整合提升，以期能形成面向实施的、具有法定效力的修建性详细规划成果。2018年，马尾区委托我院进行中国船政文化园——马尾造船厂旧址保护活化方案设计。通过对片区内的资源、交通以及建筑进行分析总结后，我们提出了"以船政文化为核心，集主题旅游、博物馆集群、艺创办公、酒店会议、教育培训、休闲娱乐于一体的滨江城市综合体"的中国船政文化园设计总体思路：以船政文化旅游诠释为载体，以体验连接丰富文化的史层，以遗产文化魅力推动文化城可持续发展；以船政文化为核心，通过主题展示、教育培训等功能形式，完成历史文化的传承；改善工业岸线，保持并创新工业活态，延续船政工业遗产的精髓（图6-1-11、图6-1-12）。2019年，马尾区委托我院进行船政文化城官街保护与整治设计。保护活化利用从1866年延续至今的福建船政工业建筑遗产，构建中国最具特色的工业文化遗产园；通过文化消费、游乐餐饮、特色公共空间营造等方式，带动周边区域发展。

图6-1-11　礼堂钟楼节点方案

图6-1-12　造船工艺博物馆节点方案

第二节　船政文化主题公园

　　船政文化主题公园的整体规划设计以重塑三山（罗星山、马限山、天马山）与一水（闽江）的历史关系为出发点，营构具有文化景观序列体验感受的场所空间。在公园规划设计理念方面，设计既尊重历史真实性又关注生态空间脉络，保护古迹及周边环境的真实性，并能因地制宜，充分利用公园内存续的山地自然地形与独特历史的文化。通过对用地规模和游览规模的合理预测、规划流线的合理安排、公园功能的合理定位，制定出不同的实施设计策略。公园以船政文化为主题，以文化体验、旅游休闲为目的，保护修缮文物古迹，开发创造新景点，将原有两个破败的城市公园整合为以船政文化为主题的城市休闲公园，在创造具有高品质的空间景观同时，于各个节点空间中结合不同表现形式的文化主题，如置入船政创办情景雕像、马江海战雕塑等，使游览者在游历中感受船政历史文化，激发爱国主义热情。

　　整体设计分期实施。先期以游步道建设、关键节点塑造为重点，将昭忠祠及烈士墓、罗星塔公园、马限山公园与新建的船政文化广场整合为有机连贯的整体，形构感受体验序列变化有序的游线网络。后期则对船政文化园涉及的所有历史地段进行整体保护与连接，致力于全面发掘船政文化，全方位展示船政文化的风貌，将文化、旅游、爱国主义教育等融为一体，实现历史保护与城市经济可持续发展的有机结合。

一、罗星塔公园保护整治设计

　　罗星塔公园位于船政文化城的东南端，拥有一号船坞、罗零广场、三保洞、柳七娘造像、罗星塔以及近代文人墨客留下的诗词题刻等古迹景点，园内最低罗零高程8.5米，最高处33.7米，总占地面积3.3公顷（图6-2-1）。设计基于罗星山历史环境要素与船政文化的内在关联，将景区划分为入口过渡区、船政水景区、罗零基点历史与科学教育区、罗星塔保护区、船坞保护区、马江海战模型展览教育区、船榕保护区、塔诗石刻保护区等，通过植入与船政文化、海战史事等相关的情境化雕塑等公共艺术小品，如于罗零广场岩壁上嵌入巨幅"船政成功"主题浮雕墙，塑造具有独特场所感与历史氛围感的景观节点，让游客在登山游憩过程中获得更加丰富的趣味性体验感受。

　　设计首先对公园沿罗星西路的东端与北端两个入口进行改造提升。东入口作为主入口，增设旅游配套停车场；北入口增设广场，保留修缮原牌坊，保持公园的历史特征，并于牌坊南侧新建一栋单层三开间的配套建筑。从北入口入园后，为新增设的入口过渡区，我们以三处历史人文景观序列——"船政时空步道""舵形景观灯柱廊""主题水景"的仪式感空间序列组织，强化了公园主题氛围。船政时空步道依山势而上，通过景观列柱、台阶高差与路面铺装

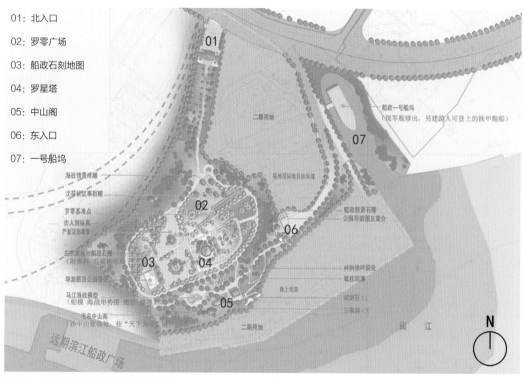

01：北入口

02：罗零广场

03：船政石刻地图

04：罗星塔

05：中山阁

06：东入口

07：一号船坞

图6-2-1　罗星塔公园规划设计总平面图

材质的变化，向游客展示福建船政造船工业从木船时代（1869～1875年），到铁木合构时期（1876～1887年），再到钢船时期（1888～1907年）的三个发展过程；舵形景观灯柱廊，此空间上承船政时空步道，下启主题水景，以带状空间起导引作用；主题水景则为景观序列之小高潮空间，自然岩石与人工构造相结合，于主题景石镌"磨心"二字，以呼应罗星塔之"磨心塔"俗称。设计还于罗零科教区的古榕下设置"左沈共襄"的石雕像，向游客诠释左（左宗棠）、沈（沈葆桢）二公创办福建船政之伟功；而于马江海战展示教育区则以"怒火填膺"石雕像群，反映在中法海战中闽江两岸军民怒火填膺、不畏强敌，英勇抗击敌军的坚定意志与英雄气概。

二、马限山公园与船政文化广场

马限山公园位于马尾造船厂东侧，包括昭忠祠、烈士墓、船政博物馆以及一系列船政建筑群等古迹景点，马限山最低处罗零高程7.15米，最高处39.63米，一期用地面积4.6公顷（图6-2-2）。公园划分为昭忠祠保护区、烈士陵墓凭吊区、爱国主义展示教育区、旧炮台怀古区、纪念碑园区和山顶登高观览区。设计在马限山公园烈士陵墓入口处设置了约1000

01：船政文化广场

02：船政文化博物馆

03：马江海战烈士墓

04：荷花池

05：追思亭

06：昭忠祠

07：中坡炮台

08：英国副领事馆

09：梅园监狱

10：圣教医院院长公寓

图6-2-2　马限山公园规划设计总平面图

平方米的配套停车场，同时基于现有道路扩建了旅游车辆专用上山道。游客通过昭忠祠西、博物馆东、博物馆天桥、邮政局北四个上山口步行入园，其观光游线可先参观中国船政博物馆，后由其四层出口过天桥到马限山景区；或可由圣教医院北上参观梅园英国领事分馆、中坡炮台等景点，再下山之昭忠祠、烈士墓、船政博物馆。马限山公园保护整治设计，以保护修缮各文物保护单位为重点，通过游步道的交织与入口节点的景观提升，将丰富多元的古迹景点有序组织起来，并增设多处与造船厂园区游历连接的路径，强化船政诸景区的历史关联。

船政文化广场位于马限山公园南麓的中国船政博物馆前。沿昭忠路带状展开，占地面积7650平方米。设计将其划分为五个段落，包括入口标识区、主题展示区、林荫玻璃走廊过渡区、生态树阵亲水空间与生态停车场区，并以一条人工景观水轴加以串合。入口及主题展示区为开敞空间，以雄浑刚劲的石雕景墙为视觉背景，浮雕主题景墙以生动的形象诠释了近代马尾之海防纪略、福建船政之发展及船政主要人物之风采；广场中置入变幻的喷泉水景、喷雾与连续的浮雕墙相并行，连接起尽端我国近代第一架水上飞机的模型展示区，既营造了独特的场景气氛，又与水上飞机相关联。1919年，马尾船政局飞机工程处制造出我国第一架飞机——双桴双翼式水上飞机"甲型1号";2004年,马尾造船股份有限公司制造出我国首架1:1比例的水上飞机模型安放于此,再现了我国第一架水上飞机的雄姿。向南,设计以点状、线状、面状的丰富类型的植栽进行景观营造,如用乔木树阵限定空间、以灌木草地塑造连接的画面;通过改变地面铺装材质,如木板与石材、条石与碎石相组合,或引入玻璃步道,表达不同段落空间的特征氛围与意趣。自然、文化与历史在此交融,为游客带来别具一格的视觉感受与空间体验。

三、船政官街保护整治

官街历史地段位于造船厂北端,是福州城区进入船政文化城的门户空间(图6-2-3)。保护整治围绕"文化、风貌、活力"三个主题展开。设计首先修复存续的历史建筑,以传承

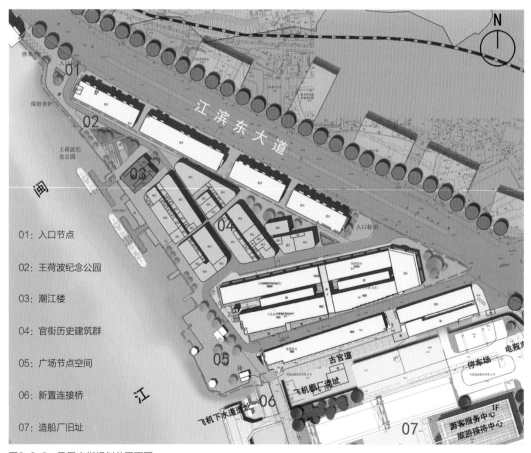

01:入口节点

02:王荷波纪念公园

03:潮江楼

04:官街历史建筑群

05:广场节点空间

06:新置连接桥

07:造船厂旧址

图6-2-3 马尾官街规划总平面图

船政官街历史文化；其次，通过整饬与传统风貌不协调建筑，再造旧镇风貌的协调性，以提升街区整体的环境品质；再则，以完善的配套设施及富有活力的业态，增强街区体验魅力。

　　发掘历史文化内涵，结合现存，修复其历史格局及其与东侧造船厂之间的空间关联性，真实地保护存续相对完好的前街与后街部分地段文物建筑群。设计从建筑、市政和景观三个方面制定改善提升策略，力图将官街重塑为以马尾旧镇官街商业文化为主题、承载船政文化城服务配套功能的滨江休闲文化街区。于建筑层面，我们依据街区现有建筑存留状况，针对性地提出"拆、保、整"三种整治与保护措施（图6-2-4、图6-2-5）。"拆"：对占用沿

图6-2-4　官街前街整治效果图

图6-2-5　官街沿闽江岸整治效果图

江休闲步道且严重影响街区景观的违章搭盖，以及存在安全隐患的无价值之建（构）筑物予以拆除留白，塑造街区特征空间节点，并重建街区与滨江水岸的有机关联性。"保"：保护利用片区内存续的文保单位建筑，修复其历史风貌，并对其可逆性安全加固。"整"：改造后街沿江滨东路南侧及联安支路、联安二支路两侧的多层商住楼，对其底层店铺及上部住宅楼外观采用与官街民国风貌建筑相呼应的立面形式进行整治改造。重点改造近人尺度的裙房立面（6米线以下）与历史建筑及文保建筑相协调；而上部住宅立面改造则讲求色彩与气质的谐和，并弱化其体量感。对街区内其他需要整治的不协调建筑亦进行基于类型学的外观风貌协调性改造，如于官街西入口节点的排涝站立面整治，设计运用清水青砖、条石、木门窗等传统建筑元素及材料，对其进行类型学的类比设计，形构为街区的形象标识墙。

在市政设施与环境综合整治方面，依据街区现况，我们则提出了"清、整、优"措施。"清"：对沿街的电线杆、蜘蛛网式的水电管线等进行清理，以缆线下地的方式，保证街道界面的整洁。"整"：整改提升地下管网、增设生活与旅游配套设施、完善消防安全系统，保障街区整体安全性。"优"：优化街区空间，通过拆除"留白"，营造特征场所。如于街区西北端，通过设置标识塔以塑造门户空间；于潮江楼北侧，利用拆除不协调建筑的留白场地，在地面设置了船政文化园历史地图，营造街区具有文化重要性的场所空间；于官街南端以具浓郁工业特征的钢玻璃桥跨水将造船厂遗址公园连接起来，并通过设置舞台、置入与船政文化相关的可读性艺术装置，塑造富有场所新特性的核心主题空间。设计还对滨江沿线的环境进行整体提升，如采用当地传统条板石材料优化街巷的道路铺装；新置城市家具并完善标识系统；适当植入花池绿丛或在节点处补入高大乔木，提升街巷的环境景观品质。

在街区业态活力提升方面，修缮始建于清末的潮江楼，活化利用为文化主题体验场所——红色文化教育基地。潮江楼面阔三间，进深六间，原主人为周用梁，初期作茶楼，后又兼作旅社和菜馆。1926年，中国共产党中央特派员王荷波来马尾造船厂组织工运时曾居于此；同年11月30日，国民党、共产党、海军三方代表在潮江楼召开"马江会议"，达成迎接北阀军入闽的协议；1930年，潮江楼毁于大火；随后重建为3层砖木结构建筑。潮江楼于1991年被列为福州市文物保护单位，馆内展览以王荷波生平事迹展为主题，作为马尾区的爱国主义教育基地及廉政教育基地。历史上官街作为马尾经济最发达的区域，拥有诸多的商业业态，如客栈、布行、药店、鱼牙店、酱园店等老字号店铺；因此，设计在官街之后街路段保持并恢复部分老字号店铺，重塑马尾老字号一条街；此外，基于马尾是福州最大的海峡水产品交易市场，其业务以现货批发为主，但周边却缺乏特色海鲜餐饮配套功能设施。为此，我们在保护修缮官街核心区民国建筑的同时，将官街前街之沿江地段的功能业态与厂区旧岸线的业态相连缀，积极发挥水产品贸易这一产业优势，同时增设滨江步道，结合场地条件设置休闲商业外摆区，充分利用前街濒江的景观资源，营造为"水产市集+海鲜大排档+高端餐饮"的休闲餐饮综合体。官街片区作为船政文化城内的历史街区，在功能业态定位上，我们强调其多元混合、时尚与传统相结合，力图使其保持24小时的活力与可持续发展的内生动力。

图6-2-6 昭忠祠

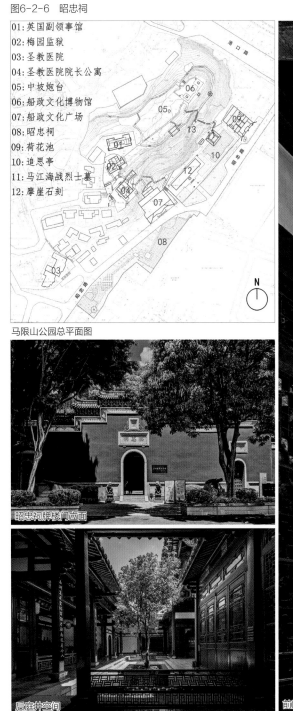

01: 英国副领事馆
02: 梅园监狱
03: 圣教医院
04: 圣教医院院长公寓
05: 中坡炮台
06: 船政文化博物馆
07: 船政文化广场
08: 昭忠祠
09: 荷花池
10: 追思亭
11: 马江海战烈士墓
12: 摩崖石刻

马限山公园总平面图

昭忠祠牌楼门立面

后庭井空间

前殿游厅

甲申海战烈士墓

西侧荷花池

图6-2-7 英国副领事馆

南侧外廊立面

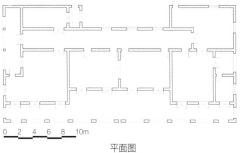

平面图

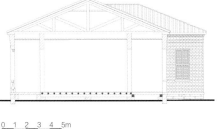

纵向剖面图

南侧外廊空间

室内空间

门套装饰

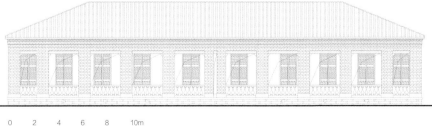

立面图

图6-2-8　梅园监狱组图之一

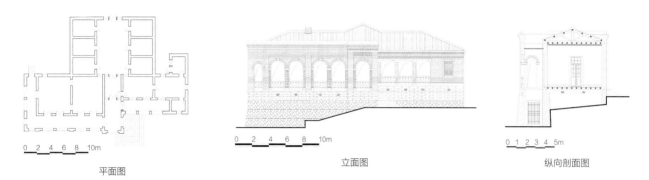

平面图　　　　　　　　　　　立面图　　　　　　　　　　纵向剖面图

入口空间

南侧外立面

南侧外廊空间

外观细部

图6-2-9　梅园监狱组图之二

入口拱门

南侧外廊立面

拱券细部

图6-2-10　圣教医院院长公寓

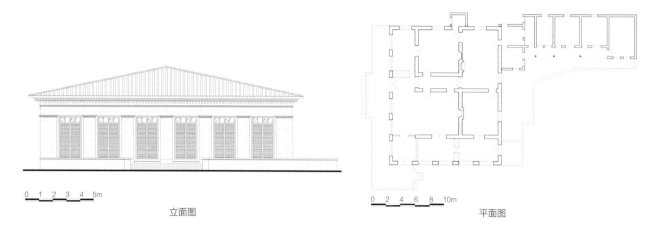

立面图

平面图

西侧立面

图6-2-11　圣教医院

立面细部

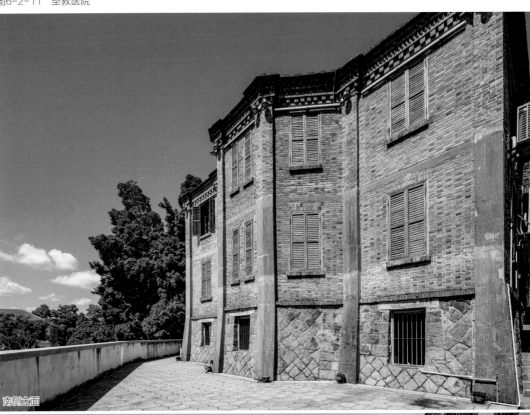

南侧立面

内院空间

图6-2-12　船政文化广场

飞机模型展示区

图6-2-13　中坡炮台

中坡炮台

船政主题浮雕景墙

图6-2-14　罗星塔公园

01: 一号船坞
02: 北入口广场
03: 船政时空步道
04: "磨心"石刻
05: 沈葆桢议事群雕
06: 巨幅海战情景浮雕
07: 罗零基准点
08: "船政十三厂"石雕
09: 柳七娘造像
10: 罗星塔

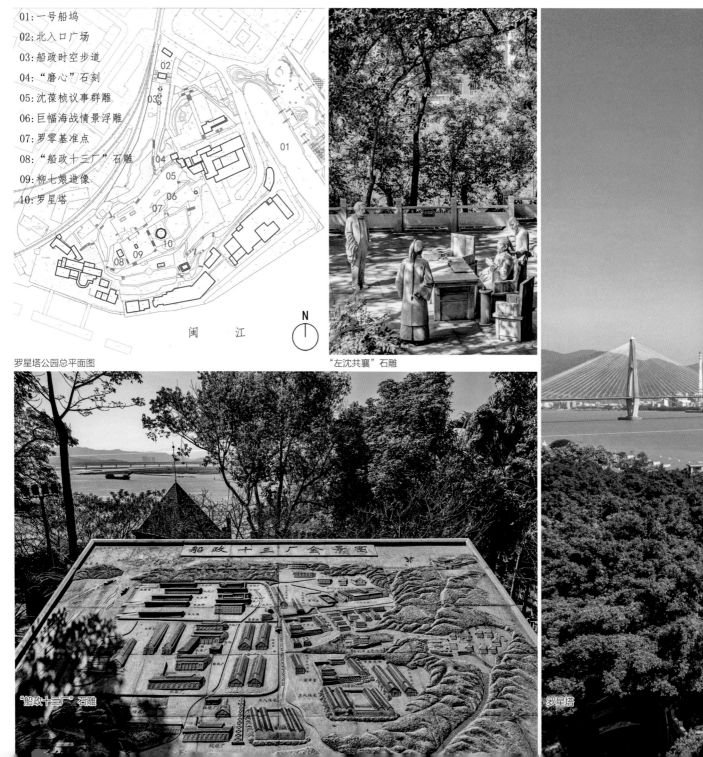

闽　江

罗星塔公园总平面图

"左沈共襄"石雕

"船政十三厂"石雕

罗星塔

图6-2-15　官街潮江楼

船政文化园历史地图

西侧立面

南侧立面

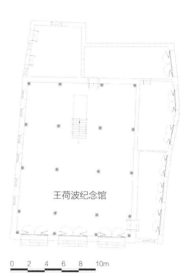

王荷波纪念馆

0 2 4 6 8 10m

平面图

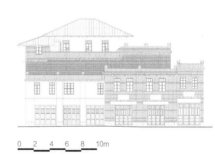

0 2 4 6 8 10m

立面图

室内空间

第七章

鼓岭古厝重生

第一节　鼓岭发展历程

一、鼓岭概况

福州素有"山在城中，城在山中"之称。城内三山鼎峙，城北以莲花山为负宸，城南五虎山为几案，左鼓（山）右旗（山），二绝标于户外。鼓山"距郡城十五里而遥，延袤数里，其高入云表。山之颠有巨石如鼓。峰峦岩洞，不可指数。或云：风雨大作，其中簸荡有声如鼓，故名。郡之镇山也。"[1]鼓山之北即为鼓岭，一脉相连，实为一体，属鼓山风景区范围，今整体规划为福州鼓岭国家旅游度假区；西临宦溪东三环辅道，东接磨溪以东山体，雄踞东海之滨，北至登云水库、鹅鼻村，总规划占地面积约90平方公里，核心区范围包括宜夏、过仑、南洋三个行政村，十七个自然村，占地面积约24平方公里。避暑区域海拔750~800米，最高峰鼓山绝顶峰海拔919米。

清末民国时期，鼓岭作为领事馆外籍官员及其家属的夏季生活区，是我国最早的洋人度假社区。1992年，时任福州市委书记的习近平同志邀请幼时居于鼓岭近十年的美国人密尔顿·加德纳先生的遗孀前来鼓岭，为其丈夫圆了鼓岭梦。此份跨越太平洋的人文关怀，将中外源远流长的民间友谊重现予世人，让世界的目光又重新聚焦福州鼓岭。鼓岭度假区通过一系列历史文化保护及独特的景观环境再造，重塑了其度假区的特色历史氛围，整体提升了鼓岭山村的人居环境，亦逐步修复了鼓岭避暑度假胜地之美誉，形成了独具福州地方特色的新亮点、新名片。

二、历史沿革

鼓岭，古称古岭，因明嘉靖年间，抗倭名将戚继光在鼓岭牛头山筑古岭寨（牛头寨）而得名。宋天禧三年（1019年），梁氏、黄氏等始祖入闽居于此，后又有刘氏、郭氏迁徙于鼓岭，渐成村落。[2]1886年，鼓岭成为国际避暑社区后才日渐为世人所了解，被誉为"左海小庐山"；并以其悠久的避暑历史及浓郁的地域文化特色，与江西庐山、浙江莫干山、河南鸡公山一并被外国人称为中国四大避暑胜地。鼓岭度假区具有"清风、薄雾、柳杉"的高山气候特征与自然景观，夏季最高温约30℃，比城区低5℃~7℃。

1885年，美国牧师伍丁夏日前往连江为好友看病，途经鼓岭过仑村时，发现此地低温

---

① （明）王应山. 闽都记［M］. 福州市地方志编纂委员会，整理. 福州：海风出版社，2001：94.
② 福州市政协文史资料委员会. 鼓岭史话［M］. 福州：海峡书局，2012：12-13.

凉爽，回福州后不久便于鼓岭嘉湖村租农房避暑。次年，英国驻仓山领事馆馆医任尼在鼓岭宜夏村梁厝修建了第一座别墅。随后，美国、英国、法国、德国等20多个国家的外交人员、侨民和我国厦门、广州、汕头、香港、台湾及本地军政要人、社会名流等纷纷在鼓岭修建起度假别墅。

据民国二十三年（1934年）郑拔驾在《福州旅行指南》中的记述，当时外国的别墅达120座。1925年外国人所制《鼓岭手绘图》标记的别墅及其他建筑门牌号共计496号。众别墅集中分布于岭上四个小山丘，"遂以数目字号名山，第一号山住户门牌第一号至一百号止。第二号山住户门牌一百零一号至二百号止。……所以便于寻访也"[①]。1935年，鼓岭度假人数已达3000人，外国人还建起了游泳池、网球场、照相馆、俱乐部及教堂等公用配套设施。当时政府部门还在鼓岭设立夏季邮局及警察所，外国人开办教会学校、诊所，于宜夏村形成了一个功能较为完善的避暑度假社区。至1949年福州解放时，鼓岭还居有一百多名外国侨民，到土改时期才各自回国。随后，鼓岭地区成立了鼓岭乡人民政府。鼓岭的第一次再开发始于1962年，建有时任中共福建省委第一书记叶飞等有关领导人的消暑住所。1988年，有关部门对鼓岭进行规划建设，建设了柳杉王公园、公路等设施。同时期，乡政府与福州市房地产部门联合在东坪顶上建造了13座度假别墅。[②]鼓岭历经1949年后一段时间的荒寂及至改革开放，尤其是1990年后的无序开发，中西交融的建筑风貌特色被各类有关单位的培训中心、招待所和村民及山下城里人的自建房所湮没。据福州市文物局鼓岭历史建筑专题调查队于2012年调查结果表明，存续较好的西式建筑仅十一座，主要有：宜夏别墅（教会医院）、郑家别墅、许家别墅（加德纳纪念馆）、和家别墅、富家别墅、恒约翰别墅、讲习所、柏岭别墅、古堡别墅、万国公益社等，仅存残基老墙的别墅地20余处，以及被改建成民居的夏季邮局、9片网球场遗迹、3处游泳池遗迹等。国内人士的度假建筑遗迹有李世甲别墅、柳杉别墅等。此处，调查队还发现有100多株高大柳杉生长良好。

受福州市委市政府、晋安区委及区政府的委托，福州市规划院规划设计团队从2009年开始，历经十余年的努力工作，鼓岭景区古厝保护活化与城市双修相结合的保护与整治工作有所成效，提升了度假区环境品质，重塑了鼓岭避暑胜地的独特氛围，让历史与当下建立起关联，并促进了鼓岭山村产业振兴。

---

① 郑拔驾. 福州旅行指南［M］. 福州：商务印书局，1932：234.
② 福州市政协文史资料委员会. 鼓岭史话［M］. 福州：海峡书局，2012：15-16.

图7-2-1 鼓岭山地建筑历史照片
（来源：《鼓岭历史建筑调查汇报文本》）

图7-2-2 鼓岭外国别墅
（来源：《鼓岭历史建筑调查汇报文本》）

图7-2-3 鼓岭麦先生厝历史照片
（来源：《鼓岭历史建筑调查汇报文本》）

第二节 鼓岭古厝的特征

鼓岭度假建筑多依山就势、街巷顺山势蜿蜒（图7-2-1），显现出山地社区的鲜明特色。西式建筑融合中式建筑艺术，既有西方建筑特色，又具福州地域建筑特征，是谓建造者在特定时代背景下的一种创新表达，成为福州近代一种独特的建筑类型，我们称其为"福州古厝第五种类型"。

一、外国人度假建筑

鼓岭洋人度假建筑多为一层，带有两面"L"形或单面"一"字形的宽外廊，皆为石木结构（图7-2-2）；屋顶以地方传统青瓦铺墁，直线缓坡，坡度约为11度；门窗洞均饰有白色的木百页门窗，室内设有壁炉，外墙石材为地产青色毛石，墙体厚实，外墙内外多为壳灰勾缝，内墙也有壳灰粉刷的；室内地面为架空杉木板铺设；宽外廊为地方传统红色斗底砖铺设，内外一体，简素朴雅，形体舒缓，土洋结合（图7-2-3），创造了一种既适应地域气候特征，又具有鲜明地方个性的外廊式建筑新类型。

1. 组团建筑组织结构

从1925年的鼓岭手绘图、存续较完好的外国别墅群和仅存外国别墅残基的崎头顶集中区来看，单体建筑分散式分布于各山丘向阳坡，形成松散式组团，主要分布区有崎头顶、三宝埕三叉路、螃蟹岭、梁厝、柱岗顶、柱里、后浦楼及双贵顶等，宜夏村内各组团亦是外国人的聚居区。幢与幢间距较大，各座别墅南向多有较大草坡地，后侧靠山，以挡风墙围合出后院，周边种植柳杉。串合各组团的主干路皆依山势连接起诸山丘，曲折蜿蜒、复杂多变，并与福州至连江、鼓岭的古道相接。各别墅建筑设独立路径，或以树枝状串合多幢建筑再与主干路连接，其整体亦呈现出树枝状路径形态。公共配套建筑处于度假社区的核心处，从崎头顶与螃蟹岭之间，自西而东主要有网球场、鼓岭夏季邮局、万国公益社（洋人俱乐部）、游泳池、教堂等，形成一条600余米长的度假休闲街。消夏期间，热闹非凡，"古董商数家、咖啡馆、饮食店、照相馆、西医店及日常必需品之商店，应有尽有"[①]。由此，亦构造出以崎头顶、三宝埕为核心区、外围数个别墅组团环绕其布局的整体空间结构，低矮而分散的建筑隐于山林中，呈现出如仙境般的氛围，周遭之白云洞、凤池、柱里、南洋等自然景区以及历代古道、南洋村宋代庄上境、明代牛头寨、凤池庵、玉泉寺、西来院、佛舍岭等丰富的人文景观，更令鼓岭充满神奇色彩，成为中外人士夏天的"香格里拉"[②]。正如近现代著名女作家庐隐所描述："那里住着质朴的乡民，和天真的牧童村女，不时倒骑牛背，横吹短笛。况且我住房的前后，都满植苍松翠柏，微风穿林，涛声若歌，至于涧底流泉，沙咽石激，别成音韵，更足使我怔坐神驰"[③]。

2. 建筑特征

洋人别墅平面形式多样，或矩形，或正面一角凸出八角形塔楼，或局部弧形，因地制宜。室内以毛石墙将空间划分为客厅、数间卧房、餐厅、厨房、卫生间等。局部结合地形，还设置了地窖、贮藏空间等，甚或利用基地泉眼形成蓄水池，降低室内温度，并将啤酒等饮料冰镇其中，如李毕丽别墅等。

（1）万国公益社

万国公益社始建于19世纪末，由法国三宝洋行建，最初为传教士建筑师程奋鹏设计，重建于1925年。公益社作为外国人社交娱乐的场所，是福州最早的西式俱乐部（图7-2-4）。该建筑坐北朝南，东侧与北侧砌有毛石挡风墙，为单层石木混合结构。屋架采用三角木桁架，斜屋面为地方传统青瓦铺设，上压镇风石；外廊宽大，厅内无柱。内部功能则结合西方式生活方式，布置了宽敞的歌舞厅，辅以化妆室、更衣室等；利用地形高差设置局部地下室作为地窖使用。墙体皆由鼓岭青石砌筑，白色蛎壳灰勾缝；门窗外加双开白色木百页，整体呈现出典型的鼓岭洋人度假建筑之特征。

图7-2-4　万国公益社历史照片
（来源：《鼓岭历史建筑调查汇报文本》）

① 郑拔驾. 福州旅行指南 [M]. 福州：商务印书局，1932: 234.
② 福州市政协文史资料委员会. 鼓岭史话 [M]. 福州：海峡书局，2012: 107.
③ 福州市政协文史资料委员会. 鼓岭史话 [M]. 福州：海峡书局，2012: 216.

图7-2-5　鼓岭夏季邮局历史照片
（来源：《鼓岭历史建筑调查汇报文本》）

图7-2-6　整治前的百年古井
（来源：作者自摄）

图7-2-7　整治前的百年泳池

（2）邮局等配套公建

邮局、电报局、照相馆等建筑均为一层，较简约，外为毛石砌筑，为双坡或单坡屋顶，单间或三开间平面布局。除邮局被村民改造为住宅外，其他建筑仅存残基，室内布局、结构皆不可考。

鼓岭夏季邮局开办于1902年，属福州邮务总局（图7-2-5），为季节性邮局，是中国早期五个著名夏季邮局之一，具有较高的历史价值，实证了当时福州引入国外先进的邮递系统，改变了福州传统的驿站体系，见证了福州在近代成为封闭的中国与世界沟通的窗口。原建筑系1905年由福建海关拨银建造，1926年改造，1945年关闭；后被改造为民居，2012年在原址上重建。邮局西南侧的古井已有百年历史（图7-2-6），镌有"本地外国公众水井"的八个字，曾作为老街一带外国侨民与本地居民共同使用的水源，体现了当时中外民间友好共融的氛围。

（3）游泳池、网球场

外国人度假生活极为注重生活乐趣与品质，既建有俱乐部（公益社）作为社交娱乐场所，以及咖啡馆、餐馆等丰富的街道生活，保持其国内生活方式；又注重健身康体活动，在度假区内建有多处游泳池与网球场。游泳池皆利用基地泉眼，因势利导，将泉水引入池内，是天然的池水。现存续有两处游泳池，都是利用山间峡谷地进行建设，泳池平面呈几何形，池壁、池底整体为钢筋混凝土结构。一处为位于柱岗顶的伊芳庭别墅的配套泳池，形状呈半圆形，宽15.2米，进深8米，池底深2.5米，存续完好，还在使用中。另一处为公共游泳池（称百年游泳池）（图7-2-7），位于宜夏村三叉路山谷地上，西北可通公益社，东南有路径连李世甲别墅、柳杉王公园。泳池背靠岩壁，平面呈长方形状，南北宽10.2米、东西长18.5米；池底呈斜坡，西侧为深水区，设有钢管爬梯，池深1.95米。池边三向皆为毛石铺设的平台，南北两侧宽2.8米，西侧约1.5米。池东南侧残存有原配套用房墙

图7-2-8 鼓岭网球场历史照片
（来源：《鼓岭历史建筑调查汇报文本》）

图7-2-9 网球场历史场景照片
（来源：《鼓岭历史建筑调查汇报文本》）

基，引用泉眼水作为淋浴之用。[①]此外，柱里景区还存续有一处外国人泳池遗迹。

现存续的网球场遗址主要有两处，一处在宜夏崎头岭，另一处在后浦楼，皆处于山坡地，依山势建为台地式场地，每片占地面积600平方米左右，台地挡墙多为毛石砌筑，挡墙侧还设有钢筋混凝土预制板看台坐席，并建有更衣室等配套用房，今已不存，仅余残基。

主要存续的网球场遗址有：位于梁厝的美国网球场（1943年由鼓岭基督教执事长倪柝声购得，2001年改建为鼓岭基督教堂）和位于后浦楼的德国人网球场和别墅配套的白家网球场。崎头顶、三宝埕一带、英美两国侨民集中度假地，建设了众多网球场，主要集中于崎头顶及公益社北侧。尤其是崎头顶，呈台地式分布六片网球场地（图7-2-8、图7-2-9），每片15米×36米，现已保护利用为遗址公园。

（4）宜夏别墅

宜夏别墅位于鼓岭宜夏村，初时为医院，地下层设手术室。1919年由威廉·甘布尔夫人捐资，美德信医生建造。中华人民共和国成立后作为鼓岭卫生院，1986年于山宾馆在此成立分馆。1992年8月，密尔顿·加德纳夫人来鼓岭圆丈夫的"鼓岭梦"时就居住于此。该建筑为带地下室的一层石木混合结构，西侧设有塔楼，外墙亦为鼓岭青毛石砌筑，墙体厚实，蛎壳灰勾缝。室内设有壁炉，地面为杉木板铺设，宽外廊为地方传统红色斗底砖铺设，门窗均置有白色木质百页，门前保留有两株百年柳杉。宜夏别墅可谓福州鼓岭洋人别墅的代表作，是存续最为完好的外国人建筑之一。

（5）许家别墅（加德纳纪念馆）

该建筑始建于清末，初为美国传教士许姓者所有，后为加德纳的避暑别墅，1943年由

---

① 福州市文物管理局. 鼓岭历史建筑调查汇报文本［Z］. 福州：福州市文化新闻出版局，2012：33.

基督教执事长倪柝声购得。加德纳之子密尔顿·加德纳随父母在鼓岭度过快乐的童年时光，他在弥留之际仍呼唤着"Kuliang"。纪念馆围绕他的"鼓岭故事"展现中美人民友谊。平面布局：南、西两侧设"L"形外廊，东南侧为八角楼且墙体外凸，但不出屋面，迥异于宜夏别墅的塔楼形式，又为一种富有特征的平面形式。外廊宽大，青石墙承重，悬山屋顶，屋面为木构架小青瓦坡屋顶，上压镇风石。

（6）柏林山庄

亦称"竹林山庄"，初为德国柏岭洋行所建，现住户为当地郭氏，该别墅是其祖父所购。竹林山庄建筑风貌保存较好，亦为单层石木结构的外廊式建筑。坐北朝南，悬山双坡顶屋面，坡度约11度，门窗置有白色木百页，外墙为鼓岭青毛石砌筑，内外墙面皆为蛎壳灰勾缝，室内地面采用杉木板铺设。建筑西侧与南侧设外廊，平面呈"L"形，于南面、西面留有宽敞的外埕，门埕下有一块刻有"柏林界"的地界碑，周边柳杉耸立。

（7）古堡别墅（炮楼别墅）

古堡别墅位处三宝埕公路边，依山而建，为双层石木结构。初为协和医院医生力亨利的别墅，整体存续较好。一层实际上为半地下室，为置轿之所；二层南侧和东侧设有西式外廊，屋架为三角木桁架，青瓦坡屋顶。外墙由地材鼓岭青毛石砌筑，蛎壳灰勾缝。室内地面亦为杉木板铺设，并置有壁炉，造型别致。古堡别墅今为当地村民郭氏所有。

二、当地传统建筑

鼓岭当地传统建筑多存续于过仑村、双贵顶、嘉湖村一带，核心区内的宜夏村仅呈零星分布，主要集中于崎头顶老街一带。传统民居建筑多采用单层四扇三间穿斗木构架，双坡顶，山墙以毛石砌筑为硬山式或悬山式。沿街商业建筑多为二层，亦为传统穿斗木构，正面设走马廊，比民房更精美；毛石砌筑山墙，悬山或硬山式；底层商用，上层为居住功能。木构件、门窗以清水做为主，毛石墙砌筑采用草泥坐浆，一般不用蛎壳灰勾缝。鼓岭人家世代靠种地务农生活，生存艰辛；鼓岭成为避暑胜地后，通过服务中外度假人士，当地村民经济收入才有所增加。所以，各类民居建筑多简朴、少有装饰。

民国时期出现了四坡顶形式的建筑，形成了一种外墙皆为青石砌筑、双坡顶或四坡顶藏于女儿墙内的石头屋，如古街石匠宅。民国以后直至福州解放初期，当地民房多为二层木构、正面带走马廊式建筑。20世纪70年代至改革开放前建的民居，一般亦为二层，多用条石砌筑外墙，开间二至五间不等，正面设外廊，钢筋混凝土楼板，屋顶为木构双坡青瓦屋顶，外廊为平顶式。

第三节　鼓岭古厝保护

一、鼓岭古厝的保护框架

鼓岭洋人建筑是中西建筑文化的碰撞交融而形成的一种新类型建筑，又能与地方传统建筑和谐共生。建筑材料以当地鼓岭青石为主，采用石砌筑墙体与木构相组合的方式，呈现了地方营造技艺与西方建筑思想的有机生成智慧，洋溢着独特的时尚气息。洋人建筑均设有宽大的外廊，作为乘凉和悬挂秋千的场所。室内设有壁炉，部分建筑还设地窖。建筑整体采光、通风良好，夏凉冬暖。我们将其作为一种独特的文化景观进行审慎的保护活化。

1. 净化环境、保护格局

对于历史建筑集中区，设计梳理了夹杂其中的高大不协调建筑，还原其历史格局，如拆除了公益社周边数栋不协调的建筑，还原其由高大柳杉环绕的历史情境；拆除了加德纳纪念馆与富家别墅之间的一幢七层高大建筑，通过连接步径，将两者串联为一体，重现低缓别墅掩映于山林之中的画境；梳理了邮局、古井周边建筑，净化了视觉环境，再造了历史建筑群的空间结构关系（图7-3-1、图7-3-2）。

2. 环境整治、协调风貌

保护与整治历史建筑群所处的环境和周边景观，与历史风貌不协调的高大建（构）筑物予以降层处理或拆除更新，或留白作为空间节点，再塑具有历史特色氛围的景观环境（图7-3-3、图7-3-4）；通过对古街、古登道等线型历史空间梳理与特色营造，形成网络

图7-3-1　邮局古井周边整治前肌理

图7-3-2　邮局古井周边整治后肌理

图7-3-3 柳杉王公园周边整治前肌理　　　　　图7-3-4 柳杉王公园周边整治后肌理

化体验路径，将散落在鼓岭各处的古厝重新连接起来。

3. 注入活力、焕发生机

活化历史建筑，彰显鼓岭历史时尚度假生活方式；鼓励、引导村民盘活闲置房产，引入商业、文旅等休闲业态，恢复鼓岭旅游度假区的功能特色，增强自我发展的再生动力。

4. 扩展景区、新旧联动

将鼓岭避暑区与鼓山国家级风景名胜区整合为一体，形成约90平方公里的鼓岭国家旅游度假区。开辟宜夏村周边的自然景区，构筑了约12公里的穿越自然山林的休闲活力步道，并串连起各风景区与功能区，拓增景区容量。

二、鼓岭古厝的保护内容

1. 历史老街保护

保护老街历史格局，整治提升街道环境，修复长约600米、宽度3～5米的老街青石板路面，整治沿线不协调建筑，置入街道家具、小品等设施。从西而东，连缀起老邮局、柯达照相馆、万国公益社、百年游泳池、李世甲别墅等历史建筑，塑造各段落特色节点，形成完整而具有历史特色氛围的体验路径。

2. 特色建筑保护

除列为文物保护单位与历史建筑的数幢建筑外（老邮局、万国公益社、百年游泳池等），对其他具有鲜明中西融合特征的各类风貌建筑以及传统民居建筑亦进行了保护修缮、室内环境改善，并植以历史功能业态或当代旅游休闲需求的业态，再造度假区整体磁力，唤醒百年鼓岭避暑胜地之独特魅力。

3. 特色环境要素保护

历史构筑物与环境要素亦是历史记忆的载体，包括古井、古道、老挡墙、古树名木等，挖掘梳理并融入各特色场所空间中。再生设计强调保护一切新的、旧的、有价值的遗存，共塑特色空间场所。

4. 历史场景保护

保护修复鼓岭度假社区的历史场景，如外国人网球场、百年游泳池等历史上的时尚度假生活场景，重现鼓岭独特的度假生活方式。保持原住民的生活方式以及与外来度假休闲人群的和谐共融的传统关系，将其宗教信仰、风尚习俗、中外人民友谊传续下去。

第四节　鼓岭古厝活化利用

一、历史建筑的活化

保护修缮宜夏别墅、万国公益社等文物保护单位，百年游泳池以及加德纳别墅等独具特色的度假公共配套设施、外国人别墅以及地方传统风貌建筑。从格局、样式、材质、色彩、技艺等方面体现保护修缮的真实性原则，审慎区别洋人建筑与地方传统民居的不同特征，如西式建筑的鼓岭青毛石外墙，补以蛎壳灰勾缝、白色木百页门窗，修补缓坡青瓦屋顶；建筑内部保持原来的平面格局，特色石木结构构件、装饰构件等。地方传统建筑毛石外墙修复坚持不勾缝，木构件、木门窗保持清水做法，同时注重保持时间带来的岁月感和沧桑感，体现历史信息的真实性与完整性。根据新功能需求，在不改变室内空间格局的前提下，提升内部空间舒适性。功能上，或延续其居住功能，或开辟为展示功能，或利用为文创与商业休闲功能，如时尚生活体验馆、主题客栈等，重新培育鼓岭独特的度假生活方式，再造往昔鼓岭惬意的、与自然山水共融的避暑度假生活氛围。

1. 万国公益社

万国公益社旧时为洋人举办茶会、宴会、演讲及舞会等各类社交活动的场所，修复前则为宜夏村老人活动中心。保护修缮注重历史信息的完整性，改善室内设施，开展各类文艺活动，在延续宜夏村老人文化活动中心功能的同时，令其成为游客与在地居民进行跨文化交流的场所（图7-4-1）。旧时的娱乐场所与现时的文化中心，两者不仅是功能上的延续，更是中西方文化交流的赓续，建构起过去与当代生活的良好连接。

图7-4-1　万国公益社效果图

2. 宜夏别墅

早期为侨民医院，福州解放后作为鼓岭卫生院使用，1986年作为福州于山宾馆鼓岭分馆。1992年，加德纳夫人到访鼓岭时居宿于此。我们通过拆除建筑内的后期搭建部分，恢复其原有格局，并以原材料修补缺失构建，如室内地面木板铺装、外廊地面斗底砖铺设以及外观立面富有特征的石砌肌理等。宜夏别墅经修缮后，利用为咖啡休闲及展示功能，室内风格保持原貌，呈现其历史年代特征，让游客感知旧时洋人度假休闲的生活场景（图7-4-2）；同时，植入展示功能，可读性地呈现历史信息，作为中西方文化交流地、中美两国人民友好交流见证地。

3. 加德纳纪念馆（许氏别墅）

该建筑是密尔顿·加德纳儿童时期随父亲在鼓岭的度假别墅。设计通过拆除其内部后期加建的隔墙，以修复原有格局，作为加德纳纪念馆之用。室内设计采用现代声光电技术，结合图片展示，以及外国人历史生活物件的还原，向游客呈现百年前加德纳家族在鼓岭的生活场景（图7-4-3）。让游客穿越时空，身临其境感受历史上的鼓岭度假生活情境。

4. 鼓岭山居博物馆（富家别墅）

富家别墅位于加德纳纪念馆西侧，为单层带外廊的石木结构建筑。设计拆除其外廊处后期添加的墙体，恢复其历史风貌；青石墙面补以蛎壳灰勾缝，修复瓦屋面、壁炉、木地板、百叶窗等。功能上，利用为鼓岭山居博物馆，诠释鼓岭避暑生活方式以及历史文化内涵，与加德纳纪念馆、宜夏别墅等共同构建起鼓岭国际度假社区博物馆群落。

5. 竹林山庄（柏林别墅）

竹林山庄是政府与房主人建立社区共同体来活化利用古厝的案例，取得良好效果

图7-4-2　宜夏别墅效果图

图7-4-3　加德纳纪念馆效果图

（图7-4-4）。该建筑经审慎修缮，在保持基本形制的基础上，对其内部空间品质进行了提升，与周边整治后的建筑相结合，将其整体作为特色餐饮空间，使柏林别墅成为三叉街重要的活力空间，亦完善了鼓岭景区服务配套。

6. 古堡别墅（炮楼别墅）

古堡别墅为在地村民自主经营的民宿场所，活化利用注重"保用结合"，室内空间保留其特色格局结构、构件及装饰的同时，根据功能需求，对空间进行适应性的改造，完善功能配套设施，营造了颇具时尚特色的度假氛围，增益了度假社区活力。

二、重建历史重要性建筑

1. 鼓岭夏季邮局

作为中国早期五大著名的夏季邮局之一，其是重要的历史实物见证。设计依据历史资料，结合残址现状进行复原（图7-4-4）。该建筑为一幢单层三开间带后天井的石木结构建筑，穿斗木构架，屋顶作双坡硬山式。建筑东墙的修复以现存西墙遗迹之石墙样式为参照砌筑而成，室内斗底砖铺设及天井条石地面亦均以遗址存续的真实状况为依据进行复原。重建后的鼓岭邮局作为历史展示馆，并延续其信件邮储功能。室外植入主题公共艺术品，让其整体重现出历史特征氛围，连接起过去、当下与未来。

2. 李世甲别墅（鼓岭书屋）

李世甲别墅建于19世纪90年代，由万兴洋行兴资建造。1936年，海军少将、马尾要塞司令李世甲将其购下作为度假使用，故称为李世甲别墅，现已不存。重建设计拆除了现存建筑，依据老照片、访谈记录及类型学方法，进行再创作（图7-4-5）。李世甲别墅为双层传统木结构建筑，双坡悬山屋顶；两侧山墙为鼓岭青石砌筑，二层南向设美人靠走马廊。再生后的李世甲别墅活化利用为休闲书吧，即鼓岭书屋。室内体现传统穿斗式木结构美学，搭配

图7-4-4　鼓岭夏季邮局效果图

图7-4-5　李世甲别墅效果图

温润质朴的木书柜、木桌椅，与时尚沙发、灯具等相融合，营造了书香萦绕的山居生活方式，呼应了当年中西方文化和谐共融的历史场景。

三、整体提升人居环境，重塑度假区特色氛围

1. 完善公用配套

补足各类市政设施、消防安全系统，改善供水质量，完善山村社区各类公共配套，如幼儿园、小学、村民文化活动中心、卫生所、体育健身设施等；建立完整的旅游配套系统，如各级驿站、公厕、停车场及导览指示系统；改造提升现状路网，与新建对外连接线相结合，形成通达便捷的机动车交通体系。新建1号至6号游步道穿山连景点，建构层级分明的景区整体游步道连接网络结构。改造扩容既有各类培训中心、酒店，增强旅游接待能力与宜居度。

2. 整治村容村貌

设计尊重村民的生活需求，以类型学为方法，传续历史特征；秉持乡土性与时尚性相融合理念，依据各农房的现状特征，进行针对性整治。设计采用平改坡或平屋顶与坡屋顶相结合的方式，重塑富有特征的第五立面（屋顶）景观。在保持各地段立面特征的同时，对各幢建筑外立面进行协调性整治，保留青石墙面，并以仿石涂料等当代材料改造不协调外墙面；更换门窗，外加木质百叶窗（图7-4-6）。通过"平改坡"方式将平屋面改造为传统青瓦坡屋面，既解决了屋顶漏水与保温隔热的问题，又与各类保护建筑相呼应。如白云山庄与香悦云舍，平屋面改造为小青瓦两坡顶或四坡顶，外墙面采用鼓岭当地青石、竹木等材料，并与新材料相结合，共同塑造了鼓岭人家自然、质朴，又具时尚感的村落景观个性（图7-4-7）。

图7-4-6　鼓岭民房改造效果图　　　　　　　　图7-4-7　老街北段景观效果图

通过村民全过程参与的社区营造、适度功能置换及环境整治等措施，形成了成片具规模的、不同主题的民宿组团，如柱里"鼓岭人家"一条街等。完善的度假区公共服务配套与基础设施，既提升了鼓岭原住民的人居环境品质，又吸引了社会资本租赁村民的闲置房产，开设各类特色客栈（图7-4-8），丰富了景区多元体验感知，增强了景区整体魅力，发展了地方经济，提升了村民获得感和幸福感。

3. 修复农耕文化景观

全面修复各类农耕梯田，重建山、林、湖、草、田与村落的历史景观关系，复种并增加鼓岭特色农产品产量，设计于华盈山庄西南、过仑村等多处设置农夫集市（图7-4-9、图7-4-10），让鼓岭"三宝"（甘薯、白萝卜、佛手瓜）及薤菜等特色农产品能持续成为各地游客伴手礼。原住民的保持，也令传统文化如清明"半段"等习俗保持下来，与基督教文化、时尚度假生活方式相结合，持续锻造鼓岭独具个性的避暑文化特色。

历史保护与乡村宜居环境建设相融合，充分鼓励村民参与缔造，以传统技艺的修复与弘扬、设计征询、共同营建等一系列措施，让村民自觉参与到保护和整治行动当中、自觉维护景区环境；倡导并促进在地居民与旅游者的跨文化交流，以诠释遗产地的历史文化价值。设计强调在重塑鼓岭度假区魅力的同时，能有力带动乡村振兴，并希冀郁达夫于1936年清明节游历鼓岭时写下的心愿得以实现："文字若有灵，则二三十年后，自鼓岭至鼓山的一簇乱峰叠嶂，或者将因这一篇小记而被开发作为华南的避暑中心区域，也说不定"[1]。

图7-4-8　鼓岭盒子民宿广场

图7-4-9　鼓岭农贸市场标识牌

图7-4-10　鼓岭农贸市场

---

① 福州市政协文史资料委员会. 鼓岭史话 [M]. 福州：海峡书局，2012：217.

图7-4-11　鼓岭风貌

映月湖酒店

鼓岭网球场遗址么

映月湖公园

鼓岭夏季邮局

宜夏村47#古厝

鼓岭老街

鼓岭映月湖公园及老街鸟瞰图

鼓岭万国公益社

鼓岭网球场遗址公园

鼓岭桂里景区

图7-4-12　宜夏别墅组图之一

宜夏别墅与百年柳杉

宜夏别墅西侧塔楼

宜夏别墅外廊

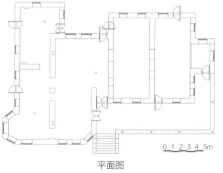

平面图

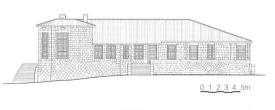

立面图

图7-4-13　宜夏别墅组图之二

宜夏别墅服务台

宜夏别墅塔楼室内空间

宜夏别墅门厅空间

宜夏别墅客厅空间

图7-4-14　加德纳纪念馆组图之一

加德纳纪念馆

加德纳纪念馆入口景观

加德纳纪念馆悬山屋面

加德纳纪念馆外廊

0 1 2 3 4 5m

平面图

0 1 2 3 4 5m

立面图

图7-4-15 加德纳纪念馆组图之二

加德纳纪念馆与山居博物馆历史场景重塑

加德纳纪念馆生活场景展示　　　加德纳纪念馆东侧室内空间　　　加德纳纪念馆东南侧八角楼

图7-4-16　山居博物馆

鼓岭山居博物馆

山居博物馆情境雕塑

山居博物馆室内展陈

0 1 2 3 4 5m

平面图

0 1 2 3 4 5m

立面图

图7-4-17　李士甲别墅

李士甲别墅（大梦书屋）

大梦书屋情境雕塑

李士甲别墅二层室内

大梦书屋二层外廊

大梦书屋二层入口拱门

大梦书屋休闲吧

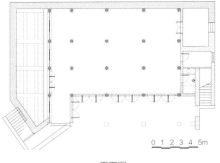

0 1 2 3 4 5m

平面图

0 1 2 3 4 5m

立面图

图7-4-18 李毕丽别墅

李毕丽别墅（来源：李毕丽别墅业主陆瀛提供）

李毕丽别墅门厅（来源：李毕丽别墅业主陆瀛提供）

李毕丽别墅莲花壁炉（来源：李毕丽别墅业主陆瀛提供）

0 1 2 3 4 5m

平面图

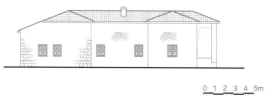

0 1 2 3 4 5m

立面图

图7-4-19　竹林山庄

竹林山庄（柏林别墅）

平面图

0 1 2 3 4 5m

立面图

0 1 2 3 4 5m

竹林山庄外廊

竹林山庄客厅

图7-4-20　梅森古堡

梅森古堡（土堡别墅）

梅森古堡入口

梅森古堡客厅

平面图

0 1 2 3 4 5m

立面图

0 1 2 3 4 5m

图7-4-21 麦先生厝

麦先生厝

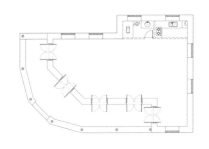

平面图

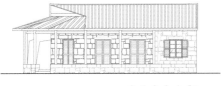

立面图

麦先生厝弧形外廊

麦先生厝老墙遗址

图7-4-22　万国公益社

万国公益社入口广场

万国公益社三角屋架

万国公益社入口

万国公益社青石挡风墙

平面图

立面图

图7-4-23　鼓岭夏季邮局

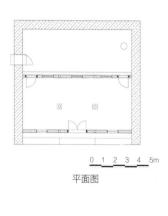

平面图

立面图

鼓岭夏季邮局室内

珍贵邮品展示

图7-4-24 城工部旧址

城工部旧址（中共闽浙赣区委城工部联络站旧址）

城工部旧址庭院空间

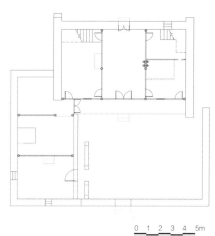

平面图

0 1 2 3 4 5m

城工部旧址入口景观

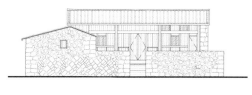

立面图

0 1 2 3 4 5m

图7-4-25　老街47#古厝

老街47#古厝

老街47#古厝小径驳岸

老街47#古厝美人靠

老街47#古厝门窗细部

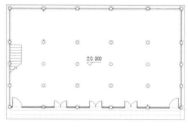

±0.000

0 1 2 3 4 5m

平面图

0 1 2 3 4 5m

立面图

图7-4-26 田黄馆

田黄馆悬山屋面

田黄馆庭院

平面图

立面图

0 1 2 3 4 5m

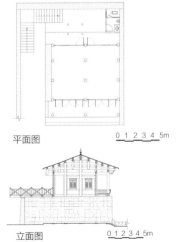

田黄馆室内展示

田黄馆室内隔断

第八章

南公河口街区
的保护再生

第一节　街区特征

　　南公河口特色历史文化街区位于福州历史文化名城中轴线南段东侧，与三坊七巷历史文化街区、上下杭历史文化街区、烟台山历史文化风貌区共同组成了"一轴串两厢"的空间格局，是福州历史文化名城整体格局的重要构成。街区北接国货西路，南临新港路，东西两侧为万寿河、路通河所环绕，基地呈半岛状，总占地面积约22.6公顷，其中核心保护区面积约8.1公顷，建设控制地带约14.5公顷。街区西北部为清初耿精忠王府花园，即今南公园；街区本体为清末民国古民居聚集区，街区内有文物保护单位路通桥、万寿桥及其附属建筑路通庵、万寿庵、天后宫与白马亭以及国货路北之柔远驿等建筑（图8-1-1）。

　　2019年12月《南公园历史建筑群保护规划》公示，确立了其以河街桥市、市井建筑为载体，以"海上丝绸之路"为价值特色，以商贸赐贡、手工艺、爱国主义文化为主题的历史文化风貌。

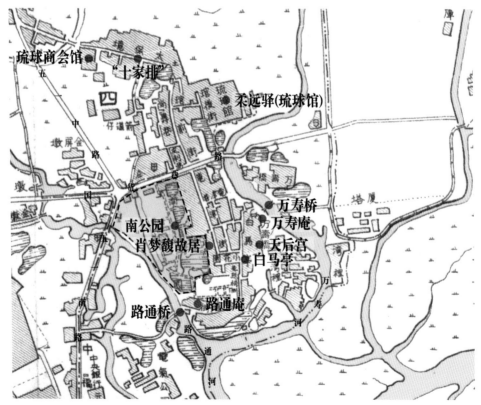

图8-1-1　河口街区历史要素分布
（来源：根据福建省图书馆藏《1937年福州市街图》改绘）

一、街区历史沿革

河口地区兴起于北宋，鼎盛于明清。唐宋年间，由于水域南退，河口一带由沙洲形成陆地，通新港、接闽江，"便夷船往来"[①]；同时，由于宋代造船业发展迅速，河口地区对外商贸亦日趋繁荣，形成商港。至南宋绍兴四年（1134年），出现"凡百货舟载，此入焉"[②]的繁华盛景，福州官府在河口设"临河务"[③]，经河口商港由水路至美化门、水部门与城内安泰河相接，为宋朝福州城"东市"所在。

自明朝起，福州河口港成为官方指定的中琉国际贸易港。明清两代朝廷册封琉球使团在福建造船、招募使团人员和采办出行物资，福州是册封琉球国使团的起航点和返航点。明洪武五年（1372年），琉球"遣使朝贡"，朝廷赐闽中舟工、通译等三十六姓迁居琉球久米村，为琉球贡使担任航海任务，其多为闽江河口一带人，明人茅瑞徵言："洪、永所赐三十六姓多闽之河口人"（《皇明象胥录·卷1》）[④]。明成化十年（1474年），琉球商船靠岸亦多集中于福州河口[⑤]，主管外贸和航海的福建市舶司自泉州迁来福州，在河口建柔远驿（初称为怀远驿）、进贡厂，作为接待外宾和对外贸易的机构。最初，进出河口要通过福州东边三十六湾河道通闽江，后因航道受破坏船行不便，明弘治年间开辟新港，使帆船可直通闽江，进出更加方便；琉球馆周围亦逐步形成繁华港市，此外，上下杭地区街市也发展了起来，与河口共同构成对外贸易的商埠区[⑥]。从此，福州港便替代了泉州港，河口成为中国政府与琉球往来的唯一港口。在中琉贸易的推动下，福建商品市场持续繁荣，各地商贾云集福州，《闽产录异》中记载明代有布店、药材铺、五金店、染印店、木器店等手工业，清代有牛皮行、皮箱行、纸房和靛街等商业[⑦]，为河口民居聚集区的形成打下了铺垫。

清光绪五年（1879年），琉球为日所占（改名"冲绳县"），遣使朝贡逐步演变为商贸活动。琉球的货物委托福州球商代销，福州球商由七姓十家联合组成，别称"十家排（帮）"，即牙行。

民国时期，河口贸易地位逐渐降低。民国4年（1915年），南公园内成立福州木雕厂。

---

① （明）王应山. 闽都记·卷十三·郡东南闽县胜迹 [M]. 福州市地方志编纂委员会，整理. 福州：海风出版社，2001：110.

② （宋）梁克家. 三山志·卷七·临河务 [M]. 北京：方志出版社，2003：31.

③ 福州市地方志编纂委员会. 福州市志第1册 [M]. 北京：方志出版社，1998：10.

④ 卢美松. 福州通史简编 [M]. 福州：福建人民出版社，2017，9：350.

⑤ （明）黄仲昭. 弘治《八闽通志》卷四 [M]. 福州：福建人民出版社，2006：1148.

⑥ 刘祖陛. 帆船时代福州国际贸易初探 [J]. 福建史志，2020（2）：1-6，71.

⑦ 蓝达居. 明清时期闽东南中心港市的发展 [J]. 华侨大学学报（哲学社会科学版），2000（4）：87-92.

1919年，南公园内建国货陈列馆①。中华人民共和国成立初期，台江区各项建设工作多以支援前线、抗灾救灾、以工代赈展开。在社会主义改造下，原有商铺变为经营轻工业的厂房（小刀厂、塑革厂等），或各类手工作坊。由于种种历史原因，河口房屋建设进展缓慢，街区内主要房屋大部分依然保持1949年之前的状态，是为福州市井百姓百年来原生的聚集地，虽各类市政设施缺失，居住条件恶劣，但其存留有集中成片的福州传统柴栏厝建筑类型，极具历史文化价值，将其称为福州古厝第三种类型。为此，福州市委市政府将其作为特色历史文化街区进行保护与再生。

二、街区的价值特色

南公河口特色历史文化街区的固有价值，即物质要素所包含的历史价值、艺术价值特征鲜明。该街区是自宋以来福州作为海丝节点城市的见证地，是中琉政治、商贸、文化的交往地，是琉球先民的祖居地，也是福州原住民传统文化风俗习尚的承载地。

街区内包括省级文物保护单位2处，河口万寿桥、路通桥；市级文物保护单位2处，万寿庵（原为万寿桥附属文物）、路通庵（原为路通桥附属文物）；区级文物保护单位6处，南公园、万寿一道24号古民居、路通街143号古民居、小花园巷3号古民居、龙津二支巷8号古民居、小花园巷9号古民居；未定级文物1处，新港肖梦馥故居；已公布历史建筑3处；建议历史建筑28处；此外，保留有路通街、龙津街、鹤存巷等传统街巷，以及各类历史环境要素。格局保存完整，历史底蕴深厚，遗存丰富多元；其集中成片存续的传统风貌建筑群——柴栏厝建筑，作为福州传统建筑一种特征类型具有独特的历史价值。

街区非物质要素所包含的社会价值和文化价值是其重要组成。河口街区是福州城市传统中轴线序列上人文景观的重要组成部分，与三坊七巷、朱紫坊历史文化街区、上下杭历史文化街区、烟台山历史风貌区等共同见证福州城市由古代、近代到现代的完整进程。街区内现存有多项非物质文化遗产及优秀传统文化，如琉球久米村家谱，冲绳久米崇圣会、国鼎会等闽人三十六姓后裔宗亲组织与河口片区有着密切的关联；琉球久米村闽人通过"门中会"等组织团结起来，坚守中华传统文化与福建生活习俗，多次到福州寻根问祖，其血浓于水的记忆与情感，是历史、地域和战争所无法隔绝的②。

---

① 林国清. 福州景观 [M]. 厦门：鹭江出版社，1998：48-49.
② 赖正维. 福州与琉球 [M]. 福州：福建人民出版社，2018：24.

第二节　古厝建筑的特征

一、河坊市井建筑特征

　　河口街区是福州现存最重要的传统市井建筑承载地。市井建筑特色较为突出的民居建筑类型主要是柴栏厝、走马廊厝，如路通街137号。柴栏厝多临街而建，进深浅，没有门房和多进院，多为两层木构楼房。走马廊厝为柴栏厝的一种，二层设外廊，作晾晒之用。临街的一层进门即厅堂，入大门没有屏门相隔，因此厅堂的板门外多设外开半截式格栅六离门。人在家时，大门（一般为木板门）敞开，闭上六离门。六离门只有一般厅门高度的一半，既保证通风的功能，又具防护意义。早期柴栏厝建筑采用穿斗木构架形式，但因平民百姓财力所限，多较为简易，至近现代，则演变为更简易的斜梁支撑檩木的做法（三角屋架式），俗称为八水屋架。

　　商业建筑以传统沿街商铺为主，其基本结构类型与民居相似，多为柴栏厝形式。底层为销售场所，后面为加工作坊，楼上为住房。一层临街面多减柱设大扛梁，梁下方为插板门（多扇可抽取式的木板门），各层木板背面写上安装顺序，板门内视经营业态设各类形式柜台，或柜台与板门相结合形式的商铺立面；二层或设走马廊，或立面与一层齐平，于木梁架向饰木板或灰板壁，仅开小窗。近代的商铺由于采用了洋灰（水泥）等建材，不需要立面上的大扛梁，但其格局基本与传统商铺类似（图8-2-1）。

龙津街14号　　　　　　　　　　　　　　万寿一道6号

图8-2-1　河口街区柴栏厝典型样式

二、与琉球赐贡相关的建筑

1. 柔远驿（琉球馆）、进贡厂

明成化十年（1474年），在河口（今万寿桥西向一带）琯后街建柔远驿、进贡厂，作为接待外宾和对外贸易的机构。

进贡厂为贮存贡品方物之用，规模较大，有锡贡堂三间（会盘方物之场所），承恩堂三间，供察院、三司会宴贡使用。

柔远驿在进贡厂之南，为琉球贡使团安歇之所，也称琉球馆（与从事中琉贸易的商人所建琉球商会馆不同），始建于明成化八年（1472年），重建于清康熙六年（1667年），是招待琉球国使团的馆驿。兴建之初有前厅三间，两侧卧房共六间，后厅五间，东西夷梢卧房共二十七间，两边夷梢卧房共六间，守把千户房两边共十间，军士房二间，大门一间[①]（图8-2-2）。

2. 琉球商会馆

明代早期，因尚无柔远驿（怀远驿），来往福州河口、泉州从事中琉贸易的商人们（十家排）共同出资建设了商会馆，称之为琉球商会馆，位于今河口水部门外太保境内。明朝廷建立了怀远驿后，琉球商会馆遂废为民居。清道光年间进行重建，名曰琼水球商天后宫，宫内有大殿、两庑，戏台，宫外有木房数座，仍供琉球商人住宿和存放货物。道光十九年（1839年）及二十二年（1842年），福州府闽县知事和福州府闽县正堂曾两次勒石告示，保护庙祀。民国后先后作国光火柴厂、肥皂厂、酿酒厂；1958年，作为琼东小学校舍，后改为五一路小学、太保境小学、红色小学，现为台江区第五中心小学[②]。今存杉木结构主楼一座，砖土风火围墙，占地250平方米[③]。

三、王府花园

南公园原为清初靖南王耿继茂的王府花园。南公园名字来由有二：其一，因其位于福州城南，故称为"城南公园"（简称"南公园"）；其二，因其主之子耿精忠自号"南公"，故后人称该地为"南公园"。

清顺治十七年（1660年），靖南王耿继茂（1603—1671年）移藩福州。他强征福州水

① 谢必震. 明清中琉航海贸易研究［M］. 北京：海洋出版社，2004：44.
② 福州市政协文史资料和学习宣传委员会. 福州内河史话［M］. 福州：福建人民出版社，2018：246.
③ 陈文忠. 福州市台江建设志［M］. 福州：福建科学技术出版社，1993：42.

图8-2-2　柔远驿（琉球馆）室内

图8-2-3　"请用国货"碑
（来源：作者自摄）

部门至南台路通桥一带的田园及民房，作为驻兵营地，并建王府。其去世后，耿精忠袭爵，于康熙年间（1676—1680年）继续扩建花园。故其地遂由"耿王庄"改称为"精忠别业"。现南公园仅为当时王府花园的一部分，原有面积达33公顷，湖面约占13公顷，可荡舟泛游。同治五年（1866年），闽浙总督左宗棠改作桑棉局。光绪年间再次修缮，更名"绘春园"。清末，正屋建为左公祠，祀闽浙总督左宗棠。

民国四年（1915年）辟为"城南公园"后，建有黄花岗烈士祠（纪念辛亥革命时期于黄花岗起义的闽籍烈士）。1919年，园中建国货陈列馆，立"请用国货"碑（图8-2-3）；抗日战争时期，日军轰炸造成严重破坏[1]。1952年，南公园更名为"大众公园"，国货陈列馆及耿王梳妆台改为龙津小学校舍；1958年，公园归台江区政府管理，逐渐得以修复；1962年，复名"南公园"；1963年，移东街凤池书院木牌坊为园门，铺设园内道路，种植树木花草，建造八荔亭及其他园林设施；左宗棠祠堂被拆建为南公园影剧院。"文化大革命"期间公园改为赤卫区农场，部分土地划归市毛巾厂后影剧院被市文化局接管，园中花木及其他设施均已毁。

1973年重建园内设施，改建两座木桥为石拱桥。1983年建儿童园和旱冰场，公园占地面积缩小为3.66公顷（包括水面1.1公顷）。1984年与省旅游局、华兴投资总公司合资经营"南公园游乐中心"，公园绿地缩小。1994年台江区引进印尼外资对公园进行规划改建。至此，园景已非[2]。2016年台江区人民政府进行了全面的整治与修复，一定意义上反映了王府花园特质。

①卢美松. 福州名园史影［M］. 福州：福建美术出版社，2007：163-164.
②张赛光. 福州市园林绿化志［M］. 福州：海潮摄影艺术出版社，2000：85.

第三节　街区的保护再生

一、街区现存的主要问题

1. 木构建筑安全隐患与风貌特色渐失

虽然街区内建筑风貌整体存续尚好，但大部分建筑的结构存在安全隐患，局部构件（如门窗的木雕构件、匾额、檐口等）均有不同程度的损坏。此外，穿插其间的现代建筑与违章搭盖对历史风貌的完整性造成了极大破坏，亟需整治改造以改善历史风貌建筑周边的环境，恢复历史风貌。

2. 功能退化，缺乏活力

街区现状功能以生活居住与配套的商业功能为主，传统商贸商务、商业服务功能日渐萎缩，历史功能特色退失，现有商业业态单一且低端、过时；历史文化资源价值未能得到挖掘、利用，自发更新发展乏力。

3. 居住环境品质差，缺乏必要的市政配套设施

居民的生产生活环境品质差，几无必要的绿化空间和公共空间；居民日常生活中基本的公共服务需求无法得到满足。此外，建筑密集造成消防通道阻塞，且电线电缆乱牵乱搭，存在极大的安全隐患，更无现代城市生活的市政配套设施及必要的消防配套设施（图8-3-1）。

南公河口街区的整体景观品质低劣，特别是良好的滨河空间资源被杂乱破旧的各类房屋所侵占，亟须通过整治与有机更新，重塑有特色、有品质的社区文化景观以及滨河公共开放空间，以再现其独特的河街桥市文化景观特性，体现其作为福州历史文化名城重要组成角色。

二、街区的保护再生策略

设计以河街桥市为载体，以商贸朝贡文化、手工艺文化、爱国主义文化三大文化为主题

风貌特色破坏　　　　　　　　存在安全隐患　　　　　　　　挤占滨河空间

图8-3-1　街区整治前的环境

和市井建筑、中琉文化场所两大特色文化为抓手，再造集传统商贸、文化旅游、对外交流等功能于一体的特色历史文化街区个性。

修复万寿河、路通河历史水系、历史港埠，并与其南向光明港、西侧达道河历史关联，修复、织补历史街巷，保护修复街区历史格局完整性；再现福州河口独特的"清明上河图"景象。整治柔远驿、天后宫、万寿庵等历史节点，并通过历史街巷将其与已修复的南公园—王府花园有机连缀为一体，形构起街区完整的、富有文化意义的游历体验与节点序列的空间体系。完善市政基础与配套设施，通过必要的有机更新与环境整治，延续市井氛围，提升人居环境。

三、历史要素的保护与修缮

1. 河口万寿桥保护修缮

河口万寿桥（俗称小万寿桥），为鼓山成源和尚于清康熙七年（1688年）为便于琉球使者交通往来而建，为石构二墩三孔桥，全长34.9米[①]。

在不改变文物原状的原则下，设计讲求真实、完整性的保存并延续其历史全部信息；对石桥构件依据残损情况以及最小干预原则进行保护修缮，以达最大可能的保留原有构件。

为了保护更多的原有价值构件，修缮设计注重科学、可逆地使用部分现代材料，以不破坏、不影响文物建筑的外观为准则。通过对望柱修补、栏板清洗、石阶调整平整度等做法，呈现万寿桥往昔的风采及使用功能，并整饬桥头空间景观，重塑其街区文化场所的氛围（图8-3-2）。

修缮前　　　　　　　　　修缮后

图8-3-2　万寿桥修缮前后对比

① 黄荣春. 福州市郊区文物志 [M]. 福州：福建人民出版社，2009：183-184.

2. 万寿庵

万寿庵位于万寿桥西侧，清康熙七年（1668年）成源和尚建万寿桥同时所建，用于祭祀观音菩萨[①]。万寿庵坐西朝东，占地面积325平方米，由前后两落组成，穿斗式木构架、双坡顶，由于后期改为工厂导致多处墙面、回廊损毁。修缮设计中拆除边廊搭建的二层民房，恢复前后坐建筑室内结构，原真性修复，保证建筑整体格局的完整性；整饬入口空间，与东侧万寿桥共同组成具有历史特征意义的特色场所空间（图8-3-3）。

3. 天后宫

天后宫位于妈祖巷12号，是为琉球贡使来华祈福所需而设；明成化年间由镇守主监陈道重修，光绪年间又再度扩建，由戏台、戏坪堂、大殿、后宫组成。福州解放后，由于改作竹器社及皮鞋厂仓库使用，内部结构已被彻底改造。2001年由海内外乡亲集资修复，但周边依旧受到各类建筑物的挤压和侵占[②]。本次修缮设计将天后宫一进庭井两侧及入口前后、西侧违建的民房进行拆除，恢复建筑物格局的完整性；重现入口广场作为"朝贡回赐"、中琉文化交流的仪式性特质（图8-3-4）。

4. 妈祖巷6号历史建筑

妈祖巷6号历史建筑位于天后宫南侧，后期违章搭盖较多，修缮过程中将不具历史价值的后期添加、改建、扩建的建筑物、墙体、隔断及其他附属部分逐项拆除，保留原有大木构架（图8-3-5）。如：拆除前二进前庭东西披榭后期搭建的二层砖混结构与主座后披榭西

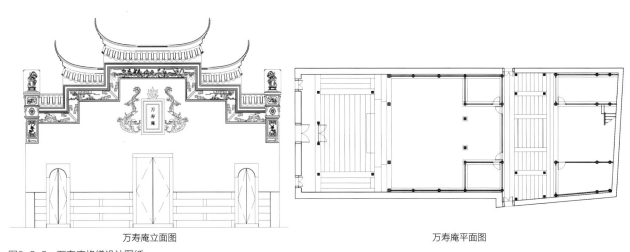

万寿庵立面图　　　　　　　　　　　　　万寿庵平面图

图8-3-3　万寿庵修缮设计图纸

① 福州市政协文史资料和学习宣传委员会. 福州内河史话［M］. 福州：福建人民出版社，2018：175.
② 赖正维. 福州与琉球［M］. 福州：福建人民出版社，2018：292.

  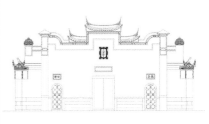

天后宫及前广场修缮前　　　　　　　　　　　　　　　天后宫主立面图

图8-3-4　天后宫修缮设计

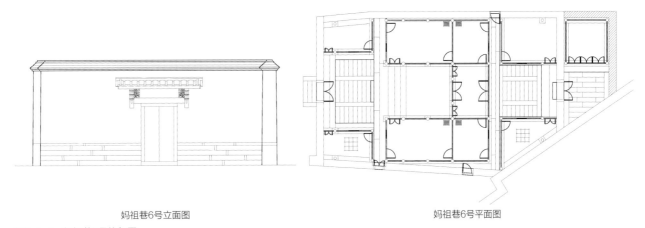

妈祖巷6号立面图　　　　　　　　　　　　　　妈祖巷6号平面图

图8-3-5　妈祖巷6号修复图

侧后期搭建的二层木构房屋，恢复前后回廊、前后披榭、修复主座格局的完整性，保护整饬有一定价值的附属建筑的既有特征。

5. 肖梦馥故居

肖梦馥故居位于龙津街24、26号，占地面积562.8平方米。建筑始建于清代，主座为穿斗式木构架，双坡悬山顶，主座面阔五间，进深五柱，中间三开间凹埕形成前廊，后天井两侧设披榭，南侧配有偏厅、前后子院及侧天井，是河口街区典型的合院式民居代表。至今建筑平面格局保存完整，但中华人民共和国成立后至今的多次加建与改建使建筑风貌受到较大影响。设计对其进行复原性修缮，拆除后期无价值的搭建、重建部分，延续其历史的真实性、完整性，整理建筑内部结构，在恢复其原有风采的同时，也为后期活态利用打下基础（图8-3-6）。

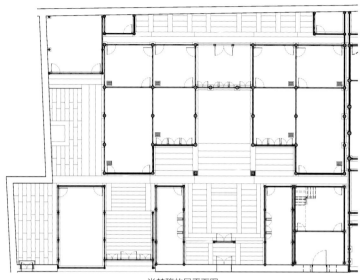

肖梦馥故居平面图

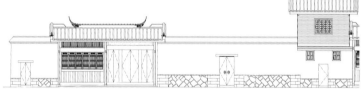

肖梦馥故居立面图

图8-3-6 肖梦馥故居及周边业态活化设计

6. 柴栏厝建筑的保护与活化

以龙津街14～20号、万寿一道12号、国货路365号为例（图8-3-7）。龙津街14～20号是河口街区典型的柴栏厝建筑，面阔四间、进深五柱，现状状态相对完整，立面及构件由于年久失修部分残损糟朽。设计依存其特征，更换糟朽木构件，修复一层沿街立面门窗，于内部重置灰板壁隔断，更换传统斗底砖地面。该建筑为典型的"前店后宅"建筑类型，沿街两间进深及楼梯间下空间延续其商铺营业功能，最后一间进深增加卫生间等配套功能，以满足使用者日常生活需求；二层不修复其灰板壁隔断，留出弹性，依据商户需求可连为开放空间。

万寿一道12号建筑，位于路通街北端，坐西朝东，面宽较小；二层设有出挑檐廊（走马廊），是街区常见的下店上宅的建筑类型。修缮设计保留其较为完好的柱、坊、檩等木构架，替换损毁的本体构件及木门窗；对性能尚可、承载力不足的其余木结构件进行加固。因其相邻的南侧建筑前檐向西退让出较大空间，万寿一道12号的南侧山墙面裸露在外，设计对其山墙穿斗木构与灰板壁、木裙板按照原风貌、原工艺进行修缮，与福州其他地区常见的檩条置于柱头上不同，河口街区常见的柴栏厝建筑多为檩条置于"人"字形斜梁上，故将其作为河口街区的特色建筑符号予以展示。因原建筑为下店上宅的功能，设计将其利用为零售或轻餐饮、咖啡吧等使用功能，为保证建筑二层的使用安

龙津街14~20号修复前

万寿一道12号修复前

图8-3-7　柴栏厝建筑修缮活化前

全性，重新制安楼梯与二层木楼板，并对一层木柱进行针对性加固，以增加二层空间的使用率。

万寿一道12号建筑与南侧相邻的建筑共同形成了一处节点空间，依循该建筑布局和环境空间特性，设计将其北侧开间设为过街楼式开放空间，以贯通起路通街与路通支巷，亦可直通至万寿河沿；咖啡吧功能与休憩空间相结合，以增强街区的活力。

国货路365号，位于街区北入口广场，为更新的木构建筑。整体布局坐北朝南，以河口街区传统制式进行类比设计，不设前庭井空间，三开间式，主座直临广场，体现建筑的公共性，设计后天井与龙津一巷21号及21号西侧建筑形成合院。建筑木构架均采用传统形制及工艺，穿斗式双坡屋顶，门窗采用河口街区常见的插板门外加六离门的形式。因其临北入口广场的区位特性，其作为游客中心的门厅，与相邻的龙津一巷17号、龙津一巷21号及21号西侧建筑通过天井组合成两进两落的建筑布局，满足了游客中心的功能配置。

四、街区整体历史意象的当代表达

设计以两大历史主题为线索，保护并强化其港埠、海丝文化之历史景观意象，保护修复河口历史街区作为福州一种历史建筑类型与街区形态的真实存在，让设计强化福州城市历史空间场所的第三种文化景观特质。在对已有福州历史类型与形态梳理基础上，我们以类型学为方法，再造左宗棠纪念馆的历史特色氛围；而演艺剧场及周边商业建筑则进行类型学的当代转译。

国货路、馆前、馆后街风貌再造则让河口历史街区与琉球馆重建了历史联系，关键空间节点设计则强调其历史特色与文化内涵表达，以主题公共艺术景观将其可读性地呈现。

对街区内风貌不协调及部分价值一般且质量较差的当代建筑进行改造或有机更新，通过文献资料比对以及对现存街道肌理的认知，或将其"留白"作为街区各层次尺度的公共空间，或进行更新重建，以织补街区肌理。更新建筑根据功能需求，分别采用传统木结构、钢结构或钢筋混凝土结构，以适应博物馆、商业、餐厅等不同功能。设计以街区肌理尺度为参照，将更新建筑划分为若干小屋面与天井相结合的肌理形态，既保持街区第五立面的协调性，又满足现代建筑对采光通风及防火的需求。如龙津街23号地块，设计通过拆除不协调建筑留出12米×12米的消防回车场，在满足片区消防要求的同时营造了特色节点场所空间。围合节点空间的建筑，依据其南北大进深的特征，设计将其划分为南北两间商业空间，高低错落的两个坡屋面与周围历史风貌建筑形成和谐的屋顶肌理；二层东南侧植入具有河口街区类型特征的过街亭，令其与龙津二巷8号更新建筑相连接，丰富街巷空间感知的意趣性，强化了街区文化景观的独特性。

在河街桥市空间意象方面，设计特别关注万寿桥、路通桥桥头历史场景再造。于万寿桥头，结合文保建筑万寿庵、历史建筑（万寿一道11~17号）以及路通街传统风貌建筑，设计有意识地在北侧沿河岸植入一段廊榭，共同构筑桥头河街桥市之繁华景象。此外，于廊榭北岸，设计还复建了木构牌坊，既作为街区北入口的标志物，又与街区北部的柔远驿遗址区紧密关联起来。而于路通街南端，我们一方面通过街口空间的肌理织补，修复了路通街的历史格局的完整性；另一方面，于路通桥跨河南端，结合沿河公共空间设计，植入了一层木构建筑（作为南入口的游客服务中心），结合亭廊设置，重塑了河街桥市完整的历史意象。

图8-3-8　街区航拍

图8-3-9　街区北入口

图8-3-10 柔远驿（琉球馆）

柔远驿入口

柔远驿室内

图8-3-11　万寿桥

图8-3-12　万寿一道11-17号

万寿一道11-17号沿河侧面

万寿河畔景观

万寿河畔景观

万寿一道11-17号正立面

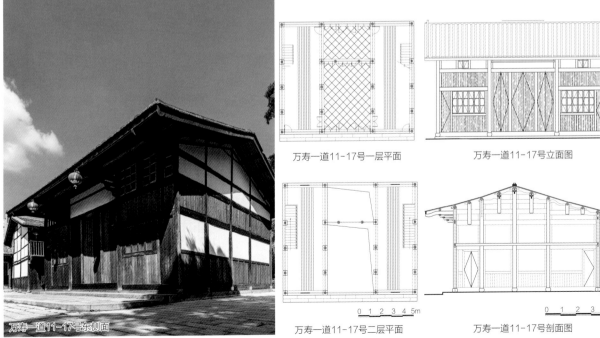

万寿一道11-17号东侧面

万寿一道11-17号一层平面

万寿一道11-17号立面图

0 1 2 3 4 5m

万寿一道11-17号二层平面

0 1 2 3 4 5m

万寿一道11-17号剖面图

图8-3-13　万寿一道2号

万寿一道入口节点

万寿一道2号一层平面图　　万寿一道2号二层平面图　　万寿一道2号立面图　　万寿一道2号横剖面图

万寿一道一角

万寿一道10号

万寿一道亭廊节点

图8-3-14　路通街北段东侧

图8-3-14　路通街北段东侧

路通街145号

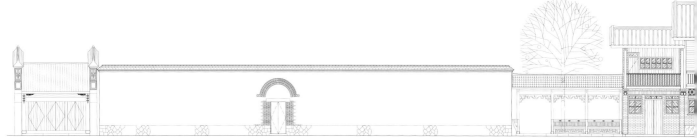

路通街北段东侧立面

路通街135-137号

路通街143号民居

路通街马鞍墙节点

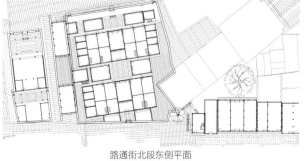

路通街北段东侧平面

图8-3-15　路通街北段西侧组图之一

路通街50-54号

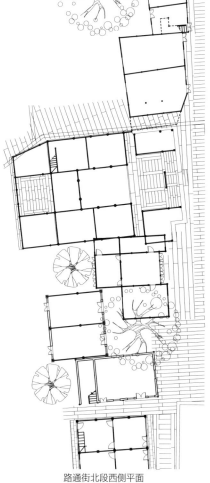

路通街60号

路通街北段西侧平面

路通街北段西侧立面

图8-3-16 路通街北段西侧组图之二

路通街50-54号

路通街64号

路通街北段节点

路通街50号

图8-3-17　路通街南段

路通街42号

路通街南段东侧立面

路道街南段街巷

路道街南段街巷节点

图8-3-18 路通街127号

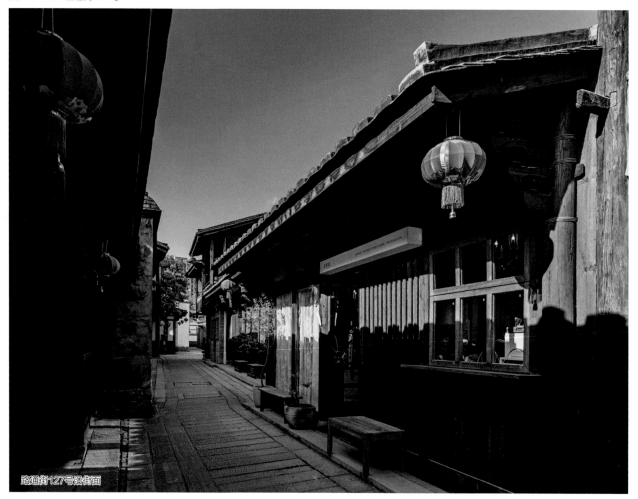

路通街127号沿街面

路通街127号平面图　　　　　路通街127号立面图　　　　　路通街127号横剖面图

路通街127号沿街面

路通街127号庭院

路通街127号室内

图8-3-19 万寿总堂

万寿总堂

万寿桥头沿河廊榭

结语

福州历史文化名城保护体系及其实施

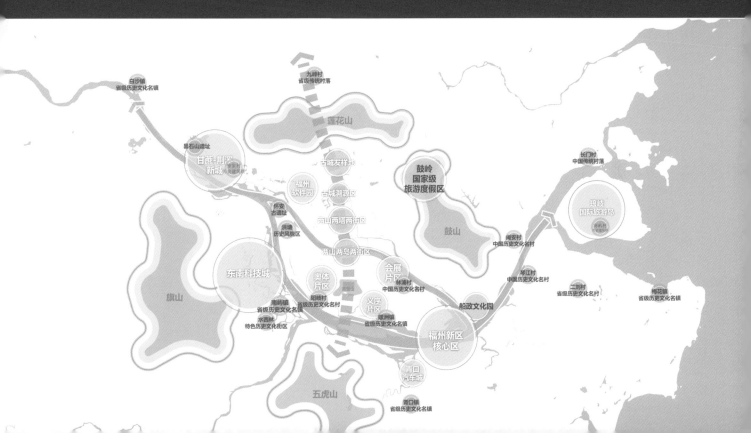

回顾福州名城保护工作，自公布为国家历史文化名城以来，从20世纪90年代启动林觉民故居等文物保护修缮工作开始；到2006年启动三坊七巷历史文化街区保护修复工程；再到2012年后陆续全面启动朱紫坊、上下杭街区和烟台山风貌区保护修复工程以及背街小巷、历史水系保护整治；直至2018年至今开展历史建筑保护利用试点、特色历史文化街区、传统老街巷保护整治；2019～2021年开展古厝普查登记和保护利用专项行动，由点串线及面，由五城区扩展至各县市区，逐步形成了全市域、全体系、全要素的名城保护体系。在历史城区、历史文化街区、历史文化名镇名村、传统村落、不可移动文物、历史建筑、历史环境要素等法定保护要素的基础上，不断完善保护要素法定身份，新增保护要素的数量，并增补工业遗产、地下文物埋藏区、水下文物保护区等新类型法定保护要素，同时还将历史风貌区、历史建筑群、特色历史文化街区、传统老街巷等要素纳入保护，除了保护上述物质形态的"点、线、面"要素外，还保护非物质形态的非物质文化遗产与优秀传统文化，并融入城市演进与可持续发展中。

一、保护要素体系

福州名城物质形态保护体系形成了点、线、面三个层级。"面状"保护要素包括历史城区、城市历史地段（含历史文化街区、历史风貌区、历史建筑群）、历史文化名镇名村、传统村落、特色历史文化街区等。市域范围现已公布24片历史地段（历史文化街区5片、历史风貌区8片、历史建筑群11片）、23个历史文化名镇名村（国家级6个、省级17个）、134个传统村落（国家级51个、省级83个）、17片特色历史文化街区。其中，"三坊七巷"历史文化街区已列入世界文化遗产预备名录，"福建船政"列入中国工业遗产保护名录。

"线状"保护要素包括传统老街巷、风貌河道、古驿道、文化线路等，现存15条与城垣走向一致的街巷，152条一类保护街巷，44条二类保护街巷，37条三类保护街巷，6条护城河，16条风貌河道，4条古驿道。

"点状"保护要素包括不可移动文物、历史建筑、传统风貌建筑、历史环境要素、地下文物埋藏区、水下文物保护区等。全市现存4758处不可移动文物，其中全国重点文物保护单位25处，省级文物保护单位136处，市级文物保护单位111处，县（区）级文物保护单位585处，尚未核定公布为文物保护单位的不可移动文物3926处；历史建筑1338处，地下文物埋藏区6处，水下文物保护区3处；主要的历史环境要素中，现存4处古城墙、18处历史园林景观、1582棵古树名木（一级古树83棵、二级古树1499棵）。

非物质文化遗产是指各族人民世代相传，并视为其文化遗产组成部分的各种传统文化表现形式，以及与传统文化表现形式相关的实物和场所，其是优秀传统文化的重要组成部分，与"点、线、面"形式的"物质文化遗产"相对，合称"文化遗产"。

福州市非物质文化遗产代表性项目共计183项，包括16项国家级非物质文化遗产代表性项目，73项省级非物质文化遗产代表性项目（含3项增设保护单位），183项市级非物质文化遗产代表性项目（含增设保护单位），非物质文化遗产代表性传承人236人（国家级非遗传承人16人、省级非遗传承人78人、市级非遗传承人142人）。此外，还有名人及名人文化、地名、传统商业文化及老字号、重要历史记忆等大量优秀传统文化。

二、保护规划体系

2017年，与福州市城市总体规划修编试点同步启动了新一轮名城保护规划的修编工作，目前正与《福州市国土空间总体规划（2021—2035）》的编制同步推进，在对近年来名城保护工作成效及得失全面总结、合理延续上版名城保护规划框架的基础上，结合名城保护新理念、新要求，进一步探索在风貌管控、高度控制、活化利用、体检评估、规划传导等方面的优化与创新，为《福州市历史文化名城保护条例》的修订及未来历史文化名城的保护、闽都文化的传承与国际品牌的打造等提供指导和支撑。

根据名城保护条例和名城保护规划，近年来福州市陆续推进了历史文化街区、历史文化风貌区、历史建筑群、历史文化名镇名村、重点文物保护单位、历史建筑等的法定保护规划（计32项）、保护整治规划（修规深度）以及文化遗产保护、消防等相关专项规划的编制工作，法定保护规划实现中心城区全覆盖，通过规划引领名城保护，使名城保护工作有据可依、有序推进。

三、法规政策体系

福州市历来高度重视加强历史文化名城保护的立法保障。早在习近平总书记在榕工作期间，即在全国率先出台了《福州市历史文化名城保护管理条例》，许多措施在全国具有开创性，为名城保护工作保驾护航。此后陆续颁布实施《福州市三坊七巷、朱紫坊历史文化街区保护管理办法》（2006年6月福州市人民政府令第34号）、《福州市历史文化名城保护条例》（2013年10月修订）、《福州市上下杭历史文化街区文化遗产保护管理办法》（2013年11月福州市人民政府令第60号）等系列法规、条例。

为适应新形势下名城保护工作需要，近年来福州市又相继出台了多部政府规章，如2017年出台《"海上丝绸之路·福州史迹"保护管理办法》《福州市历史文化街区国有房产租赁管理办法》《福州市历史文化街区国有文物保护单位使用管理办法》等；2018年结合全国历史建筑保护利用试点城市工作，制订出台了《福州市历史建筑保护管理办法（试行）》《福州市历史建筑保护修缮管理意见》等配套法规、政策性文件。

经统计，近年福州市颁布实施的条例、法规等共计12部，目前，《福州市历史文化名城保护条例》正在修订，已陆续形成了较为完善的名城保护法律法规、政策体系，为名城保护夯实了法治基础。

四、技术标准体系

为加强对历史文化名城保护工作的技术指导，近年来福州市结合名城保护修复工作实践，针对历史文化街区、特色历史文化街区、传统老街巷、历史建筑、福州古厝等的保护利用，研究制定了一系列指南、导则、规范与标准，包括《福州市特色历史文化街区规划指南》《福州市特色历史文化街区建设导则》《福州市特色历史文化街区长效管理机制》《福州市特色历史文化街区管理模式导则》等特色历史文化街区系列技术导则，《福州市历史建筑保护修缮改造设计技术导则》《福州市历史建筑保护利用模式导则》《福州市历史建筑保护利用消防导则》等历史建筑系列技术导则，以及《三坊七巷历史文化街区消防导则》《福州市传统老街巷保护与整治导则》《福州市古厝认定标准及普查登记规程（试行）》等，逐步形成了有效指导名城各要素保护利用的技术标准体系。

五、实施成效

三十余年来，福州历史文化名城保护与发展已取得显著的成效，城市历史文化特色得到彰显。在重"点"修"格局"、连"块"组"片区"、织"网"串"社区"、留"白"塑"场所"、理"轴"构"整体"①五项整体保护、修复与发展的框架体系引领下，我们通过保护修复、整治、复原等技术手段，抓住名城格局中重要的地标和重要的核心节点，以古城标志物——屏山镇海楼重建为起点，修复"三山两塔一楼一轴"古城特色格局，再生了中轴线沿线的不同历史时期留存的各历史文化街区及风貌区，以城市历史中轴线保护整饰为枢纽，串合了各历史遗产片区，重塑了福州中心城区整体风貌格局。普查、修缮古城区内重要的文物点、历史遗存，编制古厝普查登记档案，落实任务清单，进一步推动名城格局完整性。

---

① 严龙华. 在地生长——地域文化景观塑造［M］. 北京：中国建筑工业出版社，2023：13.

通过整体创新保护，福州城市已重塑了历史城市整体特色空间结构，并将市域遗产体系与城乡人居环境高度融合发展，再造了历史文化名城整体空间独特性与强烈场所认同感；一定意义上，也重现了东方城市的传统美学风采，为开启全面建设现代化国际城市新征程奠定了坚实基础。

福州市规划设计研究院集团有限公司名城保护团队以响应市委市政府建设山水人文宜居环境为工作目标，以名城古厝保护与活化利用为基础，以点及面，推进历史文化名城整体保护与创新发展，取得了丰硕的成果。

《福州古厝重生》依据多年的在地实践经验与项目积累，在众多学者的研究成果与文史资料考据的基础上，系统梳理福州历史文化名城的发展脉络，并总结出五大类福州古厝类型，通过一系列古厝重生的成功案例，为今后的古厝保护修缮与活化利用提供借鉴。本书是对三十余年来福州名城保护工作的总结，通过本书的编写，亦向全国推荐了福州市规划设计研究院集团有限公司名城保护团队在名城保护中所做出的成果。本书的具体分工如下：严龙华教授负责本书的总体把控，包括提纲的拟定、全书的修订等，同时负责前言、第一章部分的撰写；第二章由黄旭东、赵楚进行初稿撰写；第三章由陈沐歌、邱峰琳、林立根、梅丽进行初稿撰写；第四章由陈乐祥、陈思均、陈运合进行初稿撰写；第五章由郑家宜、乔继雷、赵楚、郑宇豪进行初稿撰写；第六章由林辛力、华国梁、林立根进行初稿撰写；第七章由林立根、欧阳昆国、徐晓明负责撰写；第八章由郭耘锦、薛冰琳、赵楚进行初稿的撰写；严龙华教授负责上述章节的补充、深化与审阅、修订；结语部分名城保护体系的相关内容由魏樊、张晔负责撰写，严龙华教授负责该章节的审阅、修订；严龙华教授、陈沐歌、赵楚负责全书的统稿。感谢浙江古建筑设计研究院、广西文物保护中心、清华大学建筑设计院遗产保护研究所和西安文物保护修复中心等单位参与三坊七巷国家级重点文物保护单位的修复工作。封面底图改绘自曾意丹《福州古厝》。感谢施凯先生为本书多处案例照片的拍摄工作。感谢各入住街区的机构与商家创意再利用古厝。

本书的顺利编写离不开福州市规划设计研究院集团有限公司对团队的帮助与支撑，也离不开福州市委市政府、各区委区政府对名城保护工作的鼎力支持，以及本书编撰过程中众多参与者的辛勤付出，在此谨表谢意。